자녀의 성공지수를 높여주는

부모의 대화법

SQ;

자녀의 성공지수를 높여주는
부모의 대화법

이정숙(대화전문가) 지음

나무생각

| 머리말 |

자녀와의 갈등을 줄이고 자녀의 성공지수(SQ)를 높여주는 대화법

우리나라 대다수의 부모들이 자기 인생을 희생해가면서 자녀교육에 매달리는 이유는 '나는 고생하고 살더라도 내 자식만은 성공시켜야 한다'는 강한 열망 때문일 것이다. 하지만 아이들은 이런 부모 마음과는 달리 학원보다 컴퓨터 게임 등 당장의 기쁨을 선택하고 싶어한다. 부모가 "성공하려면 지금은 힘들더라도 게임을 그만두고 공부해야 한다."고 타일러도 아이들은 제대로 알아들을 능력이 없기 때문이다.

최근의 심리학과 성공학에서는 다양한 실험을 거쳐, 성공은 학교 성적이나 타고난 머리보다 성공에 적합한 습관과 사고 방식이 좌우하는 것임을 밝혀냈다. 성공은 학교 성적이나 지식의 정도에 달린 것이 아니라 성공에 필요한 인내심, 배려심, 판단력, 시간관리 등의 습관, 즉 성공지수SQ-Success Quotient에 달려 있음이 밝혀진 것이다. 성공지수는 부모와 자녀 간의 대화로 높일 수 있다. 따라서 자녀를 성공시키려면 학교 성적에 집착할 것이 아니라 자녀의 성공지수를 높여야 한다.

나는 직업상 누구나 인정할 만큼 크게 성공한 사람들을 우리나라와 미국에서 많이 만났다. 그들은 좋은 학교를 나오고 학교 성적이 좋았던 사람들보다는 시간을 효율적으로 쓰고 타인의 기분을 상하게 하지 않으며, 중요한 일과 덜 중요한 일을 본능적으로 찾아내 시간 분배를 잘하는 성공지수가 높은 사람들이 대부분이었다. 그런데도 우리나라 부모들은 대부분 여전히 '공부를 잘해야 성공한다'는 예전의 성공공식에서 벗어나지 못해 천문학적 사교육비를 지출하고도 자녀교육에 성공하지 못한 사례가 많다.

불과 몇십 년 전만 해도 자녀들은 부모가 시키는 일이 옳지 않아도 수용했다. 그러나 자녀 수가 줄어들고 경제적으로 여유가 생기자 자녀는 부모가 하는 말이 조금만 귀에 거슬려도 곧 대화를 단절하고 자기 방식으로만 살겠다고 반항한다. 지금은 이렇게 '부모의 희생이 곧 자녀의 성공'이라는 공식이 무너졌다. 오히려 부모의 희생이 자율성을 해쳐 성공지수를 낮추는 독소로 작용하기도 한다. 그래서 자녀교육에 모든 것을 희생하고도 성공하지 못하는 확률을 높이는 걸림돌이 되기도 한다.

나는 대화 전문가로서 부모가 자녀교육을 위해 자기 인생을 포기하지 않고도 자녀의 성공지수를 높일 수 있는 대화법을 알고 있다. 그래서 '자녀교육을 고민하는 많은 학부모들에게 효과적으로 자녀를 성공시킬 수 있는 방법을 제시해야 한다'는 일종의 사명감으로 이 책을 썼다.

이 책의 1부는 자녀의 심리를 살펴 숨어 있는 성공지수를 높여주는 부모의 대화법을 소개하고 2부는 자녀의 타고난 성격에 맞춰 성공지수를 높이는 대화법을 제시한다. 3부는 자녀의 성장 속도에 맞추어 성공지수를 심화시키는 대화법, 4부는 자녀의 마음을 열어 성공 자의식을 높여주는 대화 실행 12단계로 일상생활 속에서 부모와 대화하는 것만으로도 저절로 자녀의 성공지수를 높이는 대화법을 소개한다.

어떤 좋은 책도, 한 번 읽어보는 것만으로는 충분하지 않다. 반드시 생활 속에서 실행해야만 그 가치가 빛난다. 따라서 자녀와의 갈등을 줄이고 자녀의 성공지수를 높이려면 이 책을 대충 읽고 머릿속으로만 받아들일 것이 아니라 곁에 두고 상황별로 보면서 그때그때 실천하는 노력을 더해야 목적을 이룰 수 있을 것이다. 이 책에서 익힌 대화법으로 많은 부모님들이 진정한 자녀성공을 거둘 수 있기를 바란다.

이정숙

· 차 례 ·

4부_ 자녀의 마음을 열어 성공지수를 높여주는 대화 실행 12단계

성공과 행복 심지어 학교 성적도 타고난 머리가 아니라 성공에 필요한 습관과 사고방식, 즉 성공지수가 좌우한다. 성공학자 브라이언 트레이시는 그의 저서 《백만불짜리 습관》을 집필하기 위해 세계적으로 성공한 CEO들을 대상으로 성공비결을 조사했다. 그 결과, 성공은 좋은 학벌과 집안 환경 등 지적 요소보다는 성공지수가 더 중요한 요소임을 밝혀냈다. 자녀의 성공지수를 높여 성공하게 하려면 "다른 건 신경 쓰지 말고 공부나 열심히 해!"라는 말은 이제 그만 두라. 이 장에서는 자녀의 성공지수를 높이는
시간관리 습관, 먼저 화해하는 습관, 좋은 대인관계를 갖는 습관, 승자처럼 행동하는 습관, 감정을 다스리는 습관, 절제하는 습관을 길러주는 부모의 대화법을 소개한다.

1부

자녀의 성공지수를 높여주는 대화법

1. 자녀의 성공습관을 길러주는 대화법

습관은 어릴 때 기르면 쉽게 몸에 배지만 어른이 된 뒤에는 새로운 습관을 만들기가 어렵다. 성공이 습관에 따라 좌우된다는 사실을 아는 사람들은 자식에게 많은 것을 물려주고 특별 대우를 하려고 하지 않고 아주 어릴 때부터 성공습관을 몸에 익히게 해준다. 이 장에서는 자녀의 성공습관을 길러주는 대화법을 알아본다.

돈의 가치를 일깨우는 대화법

사람도 그렇지만 '돈도 자기 좋아하는 사람을 좋아한다'는 말이 있다. 그래서인지 "어떻게 돈, 돈 하고 사나?"라며 돈을 우습게 여기는 사람 중에는 부자가 드물다. 또한 구깃구깃해서 아무 데나 집어넣고 다니며 돈을 무시하는 부자도 드물다. 미국의 한 조사에서는 돈을 구깃구깃 사용하는 사람과 반듯하게 펴서 소중하게 보관하는 사람을 비교한 결과, 돈을 반듯하게 펴서 보관하는 사람의 부자 될 확률이 세 배 이상 높은 것으로 나타났다.

사람의 뇌는 자기가 관심을 두는 일에만 집중해서 그 부분을 발달시키고, 관심 영역에서 먼 부분은 퇴화시키는 속성을 가지고 있다. 돈을 우습게 여기면 뇌가 돈에 관심을 가질 수 없게 돼, 돈 벌 확률이 낮아지는 것이다. 반면에 돈을 소중하게 여기고 돈을 좋아하면 뇌가 돈에 관심을 집중시켜 돈 버는 법, 쓰는 법, 모으는 법을 찾아내 부자가 될 확률을 높여준다. 따라서 자녀를 부자로 만들려면 맹목적인 공부보다 돈의 생리를 알게 해야 한다.

자녀에게 돈의 생리를 깨우치려면 돈의 소중함부터 가르쳐야 한다. 원하는 것 다 사주고 용돈을 풍족하게 주면 자녀에게 돈의 소중함을 일깨울 수 없다. 돈은 부족해봐야 그 소중함을 깨달을 수 있다. 그것을 아는 선진국의 부자 부모들은 자녀에게 용돈을 거의 안 주고 스스로 벌어서 쓰게 한다.

아들 친구인 조슈아의 할아버지는 뉴욕의 맨해튼에서 변호사 5백명 규모의 법률회사를 운영하고 빌딩도 여러 채 가진 부자다. 조슈아의 부모도 모두 유명한 의사이다. 그러나 조슈아는 용돈을 받은 적이 거의 없다. 그래서 주말마다 모텔에서 침대 정리하고 시간당 6달러의 임금을 받아 용돈으로 썼다. 방학 때는 음악을 전공하는 부잣집 아시아 대학생들이 거장 음악가에게 단기 레슨을 받는 캠프장에 가서 아르바이트를 해 한 학기 동안의 용돈을 벌었다. 캠프장은 외진 곳에 있으며 군대 못지않게 엄격한 통제를 받았지만 단기간에 높은 임금을 받았기 때문에 그 일자리를 놓치지 않으려고 최선을 다했다.

미국의 부자 부모들은 대부분 조슈아의 부모처럼 자식들에게 용돈을 주지 않고 벌어 쓰게 한다. 돈의 소중함을 깨닫게 하기 위해서다. 최근 거액의 재산을 사회에 기부하고, 그와 저녁 한 끼 먹는 데 무려 64억 원이나 지불하는 경매로 화제를 모은 미국 증권 투자계의 큰손 워렌 버핏은 15세 때부터 1백 달러로 증권 투자를 시작했다. 그리고 세계 최고의 부자가 되었다. 만약 그의 부모가 용돈을 풍족하게 주었다면 그의 인생은 크게 달라졌을 것이다.

나 역시 그런 생각으로, 미국에서 살다가 귀국할 형편이 되자 고2, 고3인 연년생 두 아들에게 신용카드만 쥐어주고 돌아왔다. "사춘기 아이들에게 신용 카드 맡겼다가 함부로 쓰면 어떻게 하려고 그러느냐?"는 주변의 우려가 만만치 않았지만 유태인 어머니들에게 배운대로 했다.

그 결과, 우리 아이들은 신용 카드를 함부로 쓰기는커녕 오히려 지독한 구두쇠가 되었다. 책가방 하나를 사도 '쓰다가 중고로 팔면 얼마를 받을 수 있는가'까지 미리 계산해서 사는 습관이 생겼다. 컴퓨터나 카메라를 살 때도 실컷 사용하고 '얼마에 되팔 수 있는가?'를 계산해 투자 개념으로 물건을 샀다. 가장 좋은 물건을 사고도 남들보다 돈을 덜 쓰는 습관이 길러졌다. 작은아들은 대학에서 비즈니스를 전공했는데, 동전 바꾸기가 귀찮아 가방에 잔뜩 넣고 다니는 나에게 "동전을 모아두지 않고 그때그때 쓰는 것만으로도 돈을 많이 절약할 수 있다."는 돈의 철학까지 역설했다.

나는 우리 아이들에게 돈에 관한 잔소리를 들을 때마다, 내 부모님들이 원망스럽기까지 했다. 나에게 돈에 대해 전혀 가르치지 않고 "그저 공부만 하라."고 가르쳐 내가 얼마나 돈에 무지한 사람이 되었는지 깨달았기 때문이다. 피아노건 수영이건 어려서부터 배워야 잘할 수 있듯 돈도 어릴 때부터 그 중요성과 사용법을 배워야 부자가 될 수 있다.

자녀를 부자로 키우고 싶다면 용돈부터 다시 체크해 돈의 사용법을 익히게 해야 할 것이다. 지금 주고 있는 용돈은 적절한지, 돈을 효율적으로 쓰고 있는지 등을 체크해보고 헤픈 씀씀이가 몸에 뱄다면 용돈을 조절해야 한다. 반발을 막고 용돈을 줄이려면 "용돈 사용내역을 적어오라."고 해서 그 내용을 함께 살펴보면서 합리적으로 조금씩 줄여나가는 것이 좋다.

돈을 보관할 때도 구기지 말고 소중하게 잘 펴서 보관하는 습관을 길러주고 동전도 모아두지 말고 그때그때 사용할 수 있게 "동전을 다 쓰고 나면 용돈을 주겠다."는 등의 말로 적당히 통제해야 한다. 돈의 수입과 지출내역을 상세히 기록하게 하고 낭비하는 습관은 반드시 바로잡아 주어야 한다.

자녀가 돈 달라고 할 때마다 "벌써 그 돈을 다 썼어?", "돈 없어서 지금 못 줘."라고 두루뭉실 말하지 말자. 부모가 돈에 대해 인색하다는 편견만 심어줄 뿐이다. 대신 "어디에 쓸 건데? 꼭 써야 해? 꼭 써야 하는 이유가 뭐니?"라고 묻고 자세한 내용을 글로 적어오게 한 다음, 자녀가 원하는 용돈의 80%만 주자. 자녀는 모자라는 20%를 채우기 위해 돈 사용법을 연구할 것이다. 그러한 경험들이 누적되면 저절로 돈의 생리를 이해하고, 돈 버는 법과 쓰는 법을 터득하게 되어 부자 되는 길을 찾아낼 수 있을 것이다.

자녀가 돈의 소중함을 알게 하려면

- 요구하는 용돈의 80%만 준다.
- 수입과 지출 내역을 상세히 기록하도록 하고 꼭 필요한 곳에 사용했는지 점검하게 한다.
- 돈을 구겨지지 않게 소중하게 보관하도록 지도한다.
- "벌써 그 돈 다 썼어?"라는 말 대신 "돈을 어디에 쓸 것인지 자세한 내용을 적어오라."고 말한다.

시간관리 능력을 길러주는 대화법

시간은 곧바로 돈으로 교환되지는 않지만 돈 이상의 가치를 지닌 재산이다. 그래서 성공하는 사람들은 시간을 돈보다 더 소중하게 여긴다. 보통 사람의 눈으로 보면 '짧은 시간 안에 어떻게 그 많은 일을 했을까?' 라는 생각이 들 정도로 적은 시간에 많은 일을 해낸다.

시간은 누구에게나 똑같이 하루 24시간이 주어지지만 어떻게 사용하느냐에 따라 남들보다 수천 배의 일을 할 수도 있고 아무것도 하지 않고 마냥 흘려보낼 수도 있다. 시간은 부자에게 하루 48시간, 가난한 사람에게 하루 10시간이 주어지는 것이 아니다. 아꼈다가 나중에 꺼내쓸 수 있는 것도 아니다. 누구에게나 똑같이 하루 24시간이 주어지며 그때그때 사용하지 않으면 사라져 버린다. 따라서 시간은 관리하기에 따라 하루를 10시간도 안 되는 가치로 사용할 수도 있고 72시간도 넘는 가치로 사용할 수도 있다. 시간 사용 가치가 누적되면 해놓은 일의 크기가 비교할 수 없을 정도의 차이를 보인다. 그 때문에, 시간관리 능력이야말로 성공지수의 핵심이라고 말할 수 있다.

성공한 사람들은 시간관리를 잘해 놀랄 만큼 많은 일을 하면서도 허둥대는 법이 없다. 그러나 성공하지 못한 사람들은 표나게 해놓은 일 없이 항상 바쁘게 허둥댄다. 화장실에서 신문 보느라 10분, 물병을 옆에 갖다 두지 않아 물 마실 때마다 주방 드나드느라 15분, 전화로 수다 떠는 데 30분, 제자리에 두지 않은 물건 찾아 헤매느라 15분, 다른 사람 일에 참견하느라 15분, 아무 계획 없이 길을 나섰다가 헤매느라 20시간……. 이런 식으로 시간을 낭비하기 때문이다.

그러나 전화도 시간 정해서 하고, 원하는 물건은 곧바로 손에 잡을 수 있도록 바로바로 정리해 물건 찾는 시간을 줄이고, 자기 일과 관계 없으면 남의 일에 끼어들어 시간 낭비 하지 않고, 더 중요한 사람과 덜 중요한 사람을 구분해 미팅 시간을 조절한다면 활용 시간이 어마어마하게 늘어난다.

하루의 시간표를 짜두면 새는 시간을 많이 줄일 수 있다. 깜빡 잊고 약속을 어기거나 해야 할 일을 뒤로 미루지 않으면서도 시간적 여유가 생겨서 성공할 수 있게 된다. 따라서 자녀를 성공시키려면 반드시 시간관리 능력을 길러주어야 한다.

그러나 자녀가 화장실에서 너무 오래 있거나 숙제하면서 다른 일에 한눈을 팔 때 "왜 그렇게 오래 걸려?", "좀 빨리빨리 움직일 수 없어?"라고 말하지는 말자. 자녀가 속 터질 정도로 느리게 일을 처리하거나 하던 일을 놔 두고 다른 일을 하며 시간을 낭비하는 진짜 이유는, 어머니가 너무 높은 목표를 세워 그 목표에 도달하라고 강요하는 것을 피하려는 데 있을 가능성이 높기 때문이다. 자녀가 화장실에서 너무 시간을 많이 보내거나 가방 하나를 싸는 데도 꾸물거린다면 "왜 그렇게 느려 터져?"라고 야단치지 말고, 모르는 척하고 조용히 불러 맛있는 음식을 나눠 먹으며 편안한 목소리로 "지금 너무 힘들지? 뭐가 제일 힘든지 솔직히 말해 봐." 하고 속마음을 털어놓도록 유도하자. 대화를 나누며 자녀가 부모에게 어떤 불만 때문에 시간을 낭비하는지 알아내야 시간관리 습관을 길러줄 수 있다.

만약 어머니의 수학 과외 강요가 부담스러워 그렇게 행동했다면 아이에게 화내지 말고, 따지지도 말고 즉각 수학 과외를 중단시켜야 시간관리 능력을 키워줄 수 있다. 그렇게 하지 않으면 자녀는 부모의 억압을 견디는 이런 소극적인 저항을 멈출 수 없어 시간 낭비 습관을 절대 고치지 못할 것이다.

화장실에서 바지를 느릿느릿 내리거나 양치질하면서 책을 보거나 머리 감는 시간을 늘려야 스트레스에서 좀 더 벗어나게 된다고 생각하는 한 그 행동은 멈출 수 없는 것이다. 그런 아이에게 어머니가 "아직 안 끝났어? 왜 그렇게 오래 걸려?" 하며 소리치고 화내면 자녀는 더더욱 시간을 오래 끌어야 부모의 화를 피할 수 있다고 믿어 시간 낭비 패턴이 아예 굳어질 수 있다.

만약 자녀가 지금 이런 일을 되풀이하고 있다면 "내가 못 살아. 대체 너는 왜 그러니!"라고 야단칠 것이 아니라, 자녀와 마주 앉아 "머리 감는 시간을 5분 줄이면 상을 주겠다."고 해서 그런 행동을 습관화하지 않게 유도하는 것이 현명하다. 평소 자녀가 사고 싶어하던 것을 그때그때 사주지 말고 이런 경우에 그것을 상으로 내걸면 효과를 볼 수 있다.

효율적인 시간관리 습관을 위해 상과 함께 각각의 일에서 줄인 시간을 자기가 하고 싶은 일로 교체해 사용하게 하면, 자녀는 시간을 아끼면 보상이 돌아온다는 사실을 체험하게 돼 시간의 중요성을 더욱 빨리 깨닫게 된다. 이 때부터는 함께 하루 시간표를 짜고 시간대로 움직이자고 해도 크게 부담을 갖지 않을 것이다.

이 단계까지 도달하면 자녀는 차츰 스스로 시간을 관리하는 능력이 생기고 그 능력은 곧바로 성공지수로 연결될 것이다.

시간관리 습관을 길러주려면

- 자녀가 부모에게 가진 불만 사항을 알아내 없애준다.
- 시간을 낭비한다고 해서 소리지르며 독촉하지 않는다.
- 소변 보는 데 5분, 휴대폰 통화 10분 등 일정 시간을 정해두고 각각의 일을 할 때 낭비하는 시간을 줄이면 상을 준다.
- 상은 자녀가 평소 가지고 싶어하던 것으로 준비한다.
- 하는 일을 좀 더 빨리 처리하게 되면, 일과표를 짜고 계획대로 움직이도록 유도한다.

먼저 화해하는 습관을 길러주는 대화법

현대 사회는 복잡한 과학 기술, 변화무쌍한 사회 제도와 문화적 교류 등으로 타인의 협조 없이는 큰일을 해내기 힘들기 때문에 인간관계가 성공을 좌우한다.

그러나 인간은 언제라도 이익이 대립될 수 있어 좋은 인간관계 유지가 말처럼 쉽지는 않다. 형제간에도 누가 부모의 사랑을 더 많이 차지하는가를 놓고 갈등하는 것이 인간의 본성이다. 그러나 "싸우지 마라.", "네가 참아라." 하고 교육받으며 자라기 때문에 이익이 대립돼 갈등이 일어나면, 마음이 불편해진다. 그럴 때 누군가가 나서서 조정해주면 마음이 편해진다. 그래서 먼저 화해를 청하면 그 사람은 상대를 자기 편으로 만들어 갈등을 겪고도 인간관계를 좋게 유지할 수 있다.

성공하는 사람들은 치열하게 싸우다가도 싸움이 끝나면 마치 자존심도 없는 사람처럼 먼저 다가가 "지난 일은 잊고 다시 잘해보자!" 하고 먼저 화해할 줄 안다. 어릴 때 그런 습관을 길러주지 않으면 어른이 되어 먼저 화해할 용기를 갖기가 어렵다.

자녀에게 먼저 화해하는 습관을 길러주면 설사 공부를 못하더라도 좋은 인간관계를 맺는 능력이 길러져 성공할 수 있을 것이다. 자녀에게 먼저 화해하는 습관을 길러주는 좋은 방법은 형제간의 능력차가 심해도 차별을 두지 않고 갈등을 공평하게 조정하는 것이다.

남편이 대기업 부장이며 자신은 아파트 상가에서 작은 옷 가게를 운영하는 정세옥 씨. 네 살 터울의 아들 둘을 두었는데 작은아들만 속 썩이지 않으면 걱정할 일이 없었다. 큰아들은 지난 해 외국어고등학교를 졸업하고 명문 대학에 입학했다. 갓 고등학생이 된 작은아들은 큰아들과 정반대다. 중학생 때도 오토바이 사고로 경찰서를 드나들더니 고등학생이 된 지금까지 걸핏하면 경찰서 신세를 진다. 이 아이는 사고를 많이 내고도 여전히 오토바이를 포기하지 못한다. 부모가 야단치면 "다시는 타지 않겠습니다."라고 순간적으로 위기를 모면하고는 곧바로 다시 오토바이에 매달린다. 고등학생이 되고는 술, 담배까지 하는 것 같다. 정세옥 씨는 과격한 남편에게 작은아들 일을 일일이 의논하면 더 시끄러워질 것 같아 큰아들하고만 상의했다. 그 결과 작은아들과 형의 관계는 몹시 악화되고 말았다. 작은아들은 형을 미워하게 돼, 싸운 후 형이 먼저 화해를 청해도 받아주지 않았다. 그녀는 작은아들이 속을 썩여 사는 게 너무 힘들다고 눈물지었다.

자녀들 중 한 명의 능력이 상대적으로 부족하면 대부분의 부모가 정세옥 씨처럼 행동하게 된다. 그러나 같은 부모에게서 태어난 아이들도 서로 얼굴이나 신체 조건이 다르듯 감수성도 전혀 다를 수 있다.

부모가 그것을 인정하지 못하면 인정받지 못한 아이는 큰 상처를 입고 그 상처는 열등의식이 된다. 열등의식은 '나는 항상 지는 사람!' 이라는 잠재의식이 생겨 더 공격적인 행동을 하게 만든다. 그래서 절대 자기가 먼저 화해할 수 없게 된다. 따라서 자녀가 먼저 화해하는 습관을 갖게 하려면 자녀 간의 능력 차에도 불구하고 열등의식이 생기지 않도록 공평하게 대해야 한다.

정세옥 씨 큰아들은 선천적으로 의지가 강하지만 작은아들은 그렇지 못한 성품을 타고난 것 같다. 그런데 어머니가 그 차이를 인정하지 않고 모든 행동과 사고의 기준을 큰아들에게 맞춤으로써 작은아들 자신도 형과 자신을 비교하면서 열등의식을 갖게 된 듯하다.

능력이 좀 부족한 자녀를 능력이 나은 자녀와 공평하게 대해 먼저 화해하는 습관을 길러주면, 더 좋은 인간관계를 맺을 수 있는 능력으로 발전시켜 공부 잘하는 자녀보다 더 성공하는 자녀로 만들 수 있다. 지금까지 자녀의 능력 차를 참을 수 없어 어떤 자녀에게 상처를 주어왔다면 잘못을 저질렀을 때 "너는 네 잘못도 몰라?" 하며 꾸짖지 말고 조용히 따로 불러 "엄마가 네 외로움을 몰라줘서 미안해."라고 말해 보라. 아이는 어머니의 어깨에 기대 서럽게 울거나, 약한 마음을 들키지 않으려고 일부러 문을 박차고 나갈지도 모른다. 어머니가 자신의 속마음을 알아준다는 사실을 아는 순간, 내면에 숨겨두었던 분노가 터져 나오기 때문이다.

이 때는 아이의 내면의 분노가 소멸될 때까지 고개를 끄덕이며 그저 "그랬구나. 그걸 몰랐구나. 미안해!"라는 말만 하자. 자녀가 이 과정을 거치게 되면 가슴에 쌓인 분노와 열등의식이 소멸돼 평성을 되찾을 것이다. 이 과정을 거친 후부터는 형제간에 갈등이 일어났을 때 그 자녀에게 먼저 화해하도록 유도해도 거부하지 않을 것이다. 이 때부터는 아이에게 다른 욕심 부리지 말고 단지 먼저 화해하는 습관만 기르도록 유도하라. 먼저 화해하는 습관을 길러주지 않은 형보다 더 크게 성공시킬 수 있을 것이다.

자녀가 먼저 화해하는 습관을 갖게 하려면

- 자녀 간에 능력 차가 많아도 부모가 공평하게 대해 열등의식을 갖지 않게 한다.
- 능력이 부족한 자녀에게 "엄마가 네 외로움을 몰라줘서 미안해."라고 말해 자녀의 내면에 쌓인 분노를 없애준다.
- 능력이 부족한 자녀에게 너무 많은 것을 가르치려고 하지 말고, 오로지 먼저 화해하는 습관만 길러주겠다고 생각한다.

대인관계 기술을 익히게 해주는 대화법

형제가 많은 가정에서 자라면 무엇을 양보하고 무엇을 주장해야 하는지, 무엇을 지키고 무엇을 포기해야 하는지 등의 대인관계 기술을 저절로 익힐 수 있다. 그러나 외동아이 또는 단 두 형제, 자매, 남매만 있는 가정에서 자라면 그런 것을 익힐 기회가 적다.

부모들도 자녀가 적다 보니 자녀를 귀하게 기르는 데만 신경을 써, 인간관계의 기본인 양보와 배려심을 길러주지 못한다. 그러다 보니 사회의 일종인 학교 생활에 적응하지 못하는 왕따가 사회문제로 떠오를 만큼 많아졌고 학교 다닐 때는 멀쩡하게 공부 잘하고도 성인이 된 후 사회생활에 적응하지 못해 부모 속을 썩이는 젊은이들도 늘고 있다.

시카고의과대학 정신분석학과의 설리반 교수는 "어린 시절의 가족관계가 모든 사회생활의 중심이 된다."고 주장한다. 가정에서 대인관계의 기술을 가르쳐야 사회 생활도 잘할 수 있다는 것이다. '고슴도치도 제 새끼는 예쁘다' 는 말이 있듯 부모에게 제 자식은 마냥 귀엽고 사랑스러운 존재다. 잘못을 저질러도 부모에겐 '최고로 잘난 사람' 으로 보인다. 그러나 그런 무조건적인 사랑을 절제하지 못하면 오히려 자녀의 대인관계를 망칠 수 있다. 자식은 여섯 살만 되면 부모 품을 떠나 유치원이라는 새로운 공동체에 들어간다. 그 때부터는 타인을 배려하고 양보해야 대인관계를 잘할 수 있는데 부모가 끼고 돌면 공동체에서 적응에 필요한 노력을 안 하게 된다.

부모에게 대접받던 아이가 또래 아이들에게 배척당해 외톨이가 되면 자기 자신을 비하하게 돼 집에서는 기가 세도 밖에 나가면 위축돼 기를 펴지 못한다. 또래 친구들과 어울리지 못하게 되면 점점 더 위축되어 결국 제 실력도 발휘할 수 없는 지경까지 간다.

초등학교 3학년인 효재 어머니는 아들의 성격이 너무 소극적이라 친구를 사귀지 못하고 왕따가 될까 봐 걱정이다. 효재는 친구들이 알아서 끼워주지 않으면 자기가 먼저 친구들에게 같이 놀자는 말을 못한다. 그 때문에 초등학교 입학 후 지금까지 변변한 친구를 한 명도 못 사귀었다. 효재 혼자서만 친하다고 생각하는 친구가 한두 명 있지만 어머니 생각으로는 그 아이들은 효재를 친구로 생각하지 않는 것 같다. 얼마 전에는 학교에서 1박 2일 체험학습을 다녀왔다. 담임선생님은 "다른 애들은 끼리끼리 모여 옥수수를 따는데 효재만 구석으로 가서 혼자 옥수수를 따더라."고 말했다. 효재 어머니는 그 일로 너무나 가슴이 아파 앓아눕기까지 했다. 어머니가 효재에게 이유를 묻자 "다른 아이들이랑 같이 가고 싶었지만 말을 걸 수 없었다."고 대답했다. 효재는 발표도 잘하고 소풍을 가도 주저 없이 나가서 장기자랑을 한다. 또, 책임감도 강하고 어려움에 처한 아이도 잘 도와 선생님의 사랑을 많이 받는다. 그런데 친구는 좀처럼 못 사귀어 집에서 혼자 책이나 만화책을 읽거나 컴퓨터에 빠져 지낸다.

효재처럼 공부도 잘하고 발표도 잘하는 아이가 친구를 사귀지 못하는 이유는 뭘까? 어머니가 자녀의 대인관계에 너무 깊이 개입하기 때문이다. 어머니가 "이런 애와는 사귀면 안 된다." 등등의 말로 친구 사귀는 것을 통제하면 아이는 어머니의 잔소리를 피하려고 아예 친구를 사귀지 않을 수 있다.

자녀를 조기유학시킨 많은 학부모들이 현지에서 "우리 아이들은 친구를 못 사귄다."며 하소연한다. 아이들이 또래 친구를 사귀지 못하고 미국인과도 한국인과도 어울리지 못해 고립되어 외로워한다는 것이다. 그런데 알고 보면, 부모들이 "흑인과는 사귀지 말라.", "히스패닉은 위험하다.", "아랍 애들하고 놀면 불이익을 당할 수 있다." 등의 말로 아이의 교우관계를 제한해 아이들에게 인종차별의식을 심어주고 친구를 사귀지 못하게 하는 경우가 많았다.

국내의 부모들도 외동이 또는 단 두 형제, 자매, 남매만 둔 경우 자녀에게 "~하고는 놀지 말라."고 지나치게 개입해서 자녀가 대인관계 기술을 익히지 못하게 하는 경우가 많다. 자녀에게 대인관계 기술을 익히게 하려면 부모가 자녀의 대인관계에 너무 많은 개입을 하지 말아야 한다. 자녀가 사귀는 친구가 마음에 들지 않아도 웬만하면 지켜보고, 도저히 안 되겠으면 자녀가 느끼지 못하게 조심스레 분리시켜야 한다.

그리고 평소 낯선 사람을 접촉할 수 있는 기회를 많이 만들어주는 것이 좋다. 어린 아이들은 어머니를 따라 외출하여 타인을 만나고 헤어지는 것만으로도 대인관계를 연습할 수 있다. 만약, 초등학교 이상의 자녀가 나가서 노는 것을 싫어하고 책읽기만 좋아한다면 책읽기 좋아하는 애들을 초대하고, 컴퓨터 게임을 좋아하면 같은 취미를 가진 아이들을 불러 같이 놀게 해 대인 관계를 익히도록 해주어야 한다.

아이들끼리 어울릴 때 부모가 이런 저런 참견을 삼가고 아이들끼리 부딪치고 갈등하면서 알아서 해결하도록 내버려두고 같은 성향을 가진 아이들끼리 대인관계를 연습하도록 해주면 자녀에게 차츰 대인관계의 노하우가 쌓일 것이다.

자녀가 대인관계를 잘하게 하려면

- 자녀의 대인관계 범위를 부모 마음대로 설정하지 말라.
- 자녀가 어릴 때부터 낯선 사람을 많이 접하게 해준다.
- 자녀와 같은 취미를 가진 아이들을 집으로 초대해 어울릴 기회를 마련해준다.
- 아이들끼리 어울릴 때는 간섭하지 말고 모든 것을 자녀에게 맡긴다.

승자처럼 행동하는 습관을 길러주는 대화법

만드는 영화마다 화제를 뿌리며 흥행에 성공해 '영화의 마술사'로 불리는 스티븐 스필버그 감독. 그는 고등학생 시절까지만 해도 지독하게 공부 못하는 평범한 학생이었다. 체육과 수학 과목은 내내 낙제를 했고 그 밖의 과목도 성적이 신통치 않았다. 그는 이미 고등학교 때부터 영화 감독이 되겠다며 영화 동아리에 들어가 영화에만 집중했다. 늘 공부는 뒷전으로, 숙제도 제대로 안 해가고 학교도 간신히 졸업했다. 그러나 그런 성적으로도 미국에서 가장 우수한 영화과가 있는 UCLA University of California at Los Angeles에 배짱 좋게 입학원서를 냈다. 결과는 보기 좋게 낙방. 간신히 캘리포니아 주립대 롱비치대학 영문과에 들어갔지만 대학도 다니는 둥 마는 둥 했다.

그 때의 스필버그를 보며 영화 감독으로 대성할 거라고 예측한 사람은 아무도 없었다. 그러나 그의 아버지만은 그를 최고의 영화 감독으로 대우하면서 유명한 감독들처럼 멋진 옷을 입게 하고 비싼 서류가방을 들고 다니게 했다. 영화계 인사들은 그를 무시하지 못했고 결국 세계 최고의 영화 감독이 되었다.

미국의 전 퍼스트레이디이자 현 상원의원인 힐러리 로댐 클린턴 역시 일리노이의 가난한 동네, 파크릿지에서 태어났지만 그녀의 부모는 그녀를 큰 인물로 만들기 위해 아버지가 운영하던 공장을 팔아 인근 부자 동네로 이사했다. 그리고 딸을 부잣집 딸처럼 대우해주었다. 그 결과 그녀는 8년이나 백악관 안주인을 했으며 백악관을 나온 후에도 상원의원이 되어 차기 대통령을 꿈꾸는 막강한 정치인으로 성공했다.

성공학자 브라이언 트레이시는 "성공하는 사람들은 항상 중요한 모임에 가는 사람처럼 옷을 입고 또 그렇게 행동한다."고 말한다. 사람의 뇌는 생각하는 부위만 강화시키는 속성이 있어 스스로 승자로 여기면 승자가 되고, 패자로 여기면 패자가 될 가능성이 높기 때문이다. 따라서 자녀를 성공시키려면 자녀에게 '멍청하게', '바보같이!' 라는 말을 삼가고 항상 승자로 대해주어야 한다.

자녀가 실수를 저질러도 "네가 할 수 있을 거라고 믿은 내가 바보지!", "네까짓 게 어떻게 그런 걸 한다고 그래?" 하며 함부로 깎아내리지 말고 "다음에는 잘할 수 있어."라고 말해야 한다. 아직 경제적, 정신적으로 독립할 수 없는 어린 자녀는 항상 내면 깊은 곳에서 부모에게 버림받을 것을 두려워한다. 그래서 부모가 무시하는 말들은 아이에게 단순한 화풀이가 아니라 "너는 언제든지 버림받을 수 있다."라고 말하는 것으로 해석돼 패배의식을 만들 수 있으니 조심해야 한다.

요즘 아이들은 예전에 비해 사교육 등으로 공부에 투자를 많이 해서인지 대부분 공부를 잘한다. 그러나 선생님이나 부모님은 성적을 상대평가하기 때문에 '반에서 몇 등인가?', '어느 대학 진학 수준인가?', '친구들 중 어느 서열인가?' 등으로 따지게 돼 공부를 못하는 것이 아닌데도 상대적으로 못한 것 같은 기분을 느껴야 한다.

부모가 자녀에게 "어느 대학을 가기 위해 몇 점이 더 필요하다.", "너는 몇 등인데 최소한 몇 등으로 성적을 올리지 않으면 안 된다." 등의 말로 자녀의 뇌를 자극하면 자녀 스스로 '나는 이미 패자' 라고 인식하게 된다.

그리고 무의식중에 자식 앞에서 친척이나 이웃, 친구, 직장 동료 등의 자녀와 자기 자녀를 비교하면 패배의식이 생긴다. "아무개는 이번에 상을 탔다더라.", "무슨 무슨 대학에 들어갔다더라." 식의 비교로 은연중에 자녀를 패자로 만드는 것이다.

명심하라!

자녀를 성공시키려면 자녀에게 패배의식을 심어주는 말은 절대 삼가야 한다. 이것이 열심히 과외시키고, 선생님 찾아다니며 "우리 아이를 잘 봐달라."고 부탁하는 것보다 아이를 더 성공시킬 수 있는 확실한 길이다.

자녀에게 승자의식을 갖게 하려면 무시하는 말을 삼가고 자녀가 잘하는 것을 찾아내 "너는 조금만 더 잘하면 최고가 될 수 있다."고 격려하는 연습을 하라. 조금만 잘하면 "나는 네가 자랑스럽다. 너는 반드시 그 분야의 최고가 될 것이다."며 격려하라.

부모가 귀하게 여기지 않는 자식은 남들도 귀하게 여기지 않는다. 부모가 자녀를 승자로 대접하지 않으면 아무도 내 자식을 승자로 대접하지 않을 것이다. 자녀를 성공시키려면 옷도 승자처럼 차려입게 하고 부모도 자녀를 승자로 대접해 아이 스스로 승자로 생각하는 습관을 갖게 해야 한다.

자녀가 승자의식을 갖게 하려면

- 형편이 어려워도 승자처럼 갖춰 입고 승자처럼 행동하게 한다.
- 자녀를 타인과 비교해 패배의식을 갖지 않도록 해야 한다.
- 자녀를 무시하거나 깎아내리는 말은 삼가야 한다.
- "너는 조금만 잘하면 최고가 될 수 있다."는 말을 자주 들려준다.

감정을 다스리는 능력을 길러주는 대화법

성공하는 사람들은 대체로 상상을 초월할 정도의 극심한 고통과 어려움을 극복한 사람들이다. 남들은 두려워 포기하는 일도 그들은 절대 포기하지 않는다. 싫은 일도 참고 해낸다. 자신이 원하는 것을 얻기 위해서는 못할 일이 없다. 감정에 휘둘려 함부로 사고치고 나중에 후회하는 일은 하지 않는다. 감정도 잘 다스리는 것이다.

우리나라의 많은 부모들은 자녀가 공부만 열심히 하면 감정대로 행동해도 모두 용서한다. 화나면 소리치고, 싫은 일은 안 하겠다고 생떼를 써도, 공부만 잘하면 큰 문제가 되지 않는다. 그러나 감정 조절 능력이 없으면 아무리 공부를 잘해도 불필요한 갈등과 마찰로 에너지를 소모해 성공하기가 쉽지 않다. 따라서 자녀를 성공시키려면 공부보다 감정 조절 능력을 기르는 일에 더 많은 관심을 기울여야 할 것이다.

아이들은 대개 사춘기가 되면 감정의 기복이 심해진다. 이 때, 부모들은 대체로 "얘가 갑자기 왜 이래?" 하며 과민반응을 하거나 "사춘기니까 곧 괜찮아지겠지." 등의 관용적인 태도를 보이게 된다. 자녀의 감정 조절 능력을 길러주려면 그런 태도는 절대 금물이다.

초등학교 5학년생 연미는 4학년까지만 해도 명랑하고 자기 할 일 알아서 챙기고, 학교 생활도 재미있어하는 보통 아이였다. 그러나 5학년이 되자 불평불만이 심해졌다. 심지어 선생님과 친구, 학교까지 싫다며 부모에게 전학 보내달라고 떼를 썼다. 어머니는 이러한 딸의 태도 변화가 무엇 때문인지 알아보려고 담임교사를 찾아갔다. 그러나 담임교사는 연미가 걸핏하면 짜증을 부리고 의욕도 없으며 학습 이해력도 많이 떨어진다는 절망적인 말만 들려주었다. 그 후, 연미는 학교도 선생님도 친구들도 다 싫어졌다며 손톱을 물어뜯고 혼잣말로 심한 욕까지 하며 전학시켜 달라고 조르기만 했다. 어머니는 그러한 딸이 안쓰러워 딸의 요구대로 '전학을 시켜줘야 하지 않을까?' 하고 생각하고 있다.

곱게 기른 아이들일수록 사춘기를 맞으면 주변 아이들의 거친 말투, 남의 기분과 형편을 무시하는 태도에 극도로 민감해진다. 그러면 어머니도 '차라리 내가 그런 일을 겪고 말지!' 하며 상황을 이성적으로 보지 못하게 된다. 그러나 부모가 감정을 앞세우면 자녀에게 그 감정이 고스란히 이입돼 자녀도 감정 조절을 할 수 없게 된다. 부모는 자녀가 어려운 상황에 처해도 의연한 태도를 보여주면서 모범을 보여 감정을 조절할 수 있게 해야 한다.

연미 어머니의 경우, 딸의 요구대로 딸을 전학시킬 것이 아니라 보이지 않게 딸을 도우면서 스스로 그 상황을 이겨내도록 유도했어야 한다. 담임 선생님께 자녀의 교우 관계를 주의 깊게 체크해 달라고 부탁해 선생님이 "그 친구들이 마음에 들지 않지?" 하고 위로해

주도록 하면, 자녀는 '선생님에게 이해받고 있다' 는 느낌을 받아 감정 조절이 잘될 것이다. 그런 식으로 자녀가 안정을 찾게 한 후 자녀가 고민을 털어 놓도록 유도하는 것이 좋다. 자녀가 말할 때 "아니, 그런 나쁜 애들이 있어?", "나라도 싫을 것 같다." 는 등의 응답을 해주면 '엄마는 항상 네 편' 이라는 느낌을 가져 마음이 다스려질 것이다. 어머니가 자기를 편들어 줄 거라는 확신을 갖고 감정을 다스릴 수 있게 될 것이다. 이 때 넌즈시 "억울하고 화 나는 일을 한번 글로 적어 봐."라고 권하거나 좋아하는 운동이나 책읽기, 컴퓨터 게임 등을 적극 권하는 것이 좋다. 그러면 자녀는 격한 감정, 분노 등을 풀어낼 수 있게 되고 어떤 식으로 감정을 조절해야 하는지 알게 된다.

주의해야 할 것은, 자녀가 부모에게 고민을 털어놓을 때 "그런 건 참아야 해. 그런 애들하고는 놀지 마!" 등의 도덕적 교훈을 주려고 하면 안 된다는 것이다. 부모의 그런 말들은 자녀의 기분만 상하게 해 자녀가 더욱 감정적으로 행동하게 만들 뿐이다.

사람의 뇌는 자기가 집중하는 부분을 더욱 강화하는 속성이 있어 자녀에게 감정을 절제하는 방법을 알려주지 않으면 아이의 뇌는 점점 더 감정적으로 발달하여 매사를 감정적으로 처리하는 습성을 기르게 된다. 그렇게 되면 사회생활에 많은 지장을 받아 좋은 대학을 나와도 성공하기 어렵다.

자녀에게 잠시도 쉴 틈을 주지 않고 수학, 과학 등 여러 학원을 다니게 해도 뇌가 '싫다!' 는 감정에 집중하게 되어 감정 조절 능력을 잃을 수 있다. 자녀가 싫어하는 학원은 줄여주면서 성격이 강한 아이에게는 검도, 유도 같은 격렬한 운동을, 차분하지만 고집 센 아이에게는 수영이나 발레 같은 가벼운 운동을, 애들과 어울리기 싫어하는 소극적인 아이에게는 글쓰기, 게임 등 감정을 잊고 몰두할 수 있는 일을 하게 하면서 대화로 자녀의 닫힌 마음을 열게 하면, 자녀 스스로 감정을 다스리는 능력을 길러 성공지수를 높일 수 있을 것이다.

자녀에게
감정을 다스리는 능력을 길러주려면

- 자녀가 어려운 상황에 처해도 부모가 감정적으로 대응하지 마라.
- 자녀에게 분노와 화를 해소할 수 있는 시간을 주고, 공부 외에 취미 생활 등에 몰두할 시간을 배려하라.
- 자녀의 어려운 상황을 부모가 알아서 해결하지 말고, 자녀 스스로 해결하도록 유도하라.

절제 습관을 길러주는 대화법

미국의 성공학자 호아 킴 데 포사다의 베스트셀러 《마시멜로 이야기》에서는 놀라운 사실을 소개한다. 미국 스탠퍼드 대학의 월터 미셸 박사는 아이들을 대상으로 '마시멜로 실험'을 했다. 실험에 참가한 네 살배기 아이들에게 달콤한 마시멜로 과자를 하나씩 나누어주며 15분 간 마시멜로를 먹지 않고 참으면, 상으로 한 개를 더 주겠다는 제안을 하고 14년 후에 최종 결과를 측정하는 것이었다.

실험 결과, 참가 어린이 3분의 2는 15분을 참지 못한 채 마시멜로를 먹어치웠고, 3분의 1은 끝까지 기다려 상을 받았다. 그로부터 14년 후, 마시멜로의 유혹을 참아낸 아이들은 스트레스를 효과적으로 다룰 줄 아는 정신력과 사회성이 뛰어난 청소년들로 성장했고, 마시멜로를 곧바로 먹어치운 아이들은 쉽게 짜증을 내고 사소한 일에도 곧잘 싸움에 말려드는 청년으로 성장했음이 밝혀졌다. 이 실험은 10여 년 전의 작은 인내와 기다림이 눈부신 성공을 불러왔음을 증명했다.

자녀가 절제 습관을 갖지 못하면 식욕을 조절하지 못해 평생 과체중에 시달릴 수도 있다. 그렇게 되면 사회가 점차 외모를 중요시하기 때문에 공부를 잘해도 불이익을 당할 가능성이 높아진다. 또 절제력이 없는 아이들은 자신이 사고 싶은 것을 사기 위해서는 부모에게 거짓말을 해서라도 용돈을 받아낸다. 이것이 발견되면 도둑이나 사기꾼으로 성장할 수 있다. 성적 욕망을 절제하지 못해 호색한으로 자라나 가족들에게 큰 고통을 주는 사람이 될 수도 있다. 그렇게 되면 부자가 되더라도 불행해지기 쉽다. 그러므로 자녀를 성공시키려면 어릴 적부터 성공지수의 주요 요소인 절제 습관을 길러주어야 한다.

초등학교 3학년인 영설이는 캐릭터 피규어(작은 모형 장난감)에 빠져 매일 사달라고 졸라댔다. 어머니는 매일 인터넷 쇼핑몰을 뒤져 보았지만 모두 품절이었다. 그래도 아들이 자기가 갖고 싶은 것을 손에 넣기 위해서는 사람을 들들 볶는 성격임을 잘 알기 때문에 인터넷 서핑을 멈추지 못했다. 어머니는 마침내 한 인터넷 쇼핑몰에서 아들이 원하는 인형을 발견했다. 그런데 피규어는 작은 인형인데도 한 개에 4만 원이나 하는 비싼 것들뿐이어서 사줄 형편이 안 되었다. 아들에게 상황을 자세히 설명하고 타일렀지만 막무가내로 울면서 떼를 쓰는 바람에 어머니는 할 수 없이 인형을 주문하고 말았다.

대부분의 어머니들은 자식이 원하는 것을 얻으려고 떼를 쓰면 넘어간다. 그것은 자식을 도와주는 것이 아니라 오히려 망치는 일이다. 아이들이 원하는 것을 얻으려고 무섭게 떼를 쓰는 이유는, 그렇게 행동할 때마다 부모가 자신의 요구를 들어주었기 때문이다.

영설이는 이미 어머니가 그런 식으로 떼를 쓰면 항복한다는 것을 알고 있었기 때문에 그런 행동을 했을 것이다. 만일, 어머니가 영설이가 막무가내로 떼를 써도 들어주지 않고 끝까지 기다려 절제하게 했다면 지금과 같은 고통은 겪지 않아도 되었을 것이다.

자녀의 절제력을 길러주지 않으면 뇌는 점점 욕구에 집중되어 욕구 충족에만 관심을 갖게 된다. 나중에는 부모도 통제할 수 없을 정도로 뇌가 욕구 충족에만 초점이 맞추어져 돈을 함부로 쓰거나, 음식을 먹고 싶은 대로 다 먹고 뚱보가 되거나, 돈이 없어도 갖고 싶은 것을 가지려고 사기를 치는 성인으로 자랄 수 있다.

인간은 동물적 본능을 가지고 태어나지만 학습에 의해 본능을 억제하는 힘을 길러 인간화된다. 따라서 어린 아이들의 동물적 본능은 어른들보다 훨씬 강하다. 아직은 교육으로 인해 본능이 제어되기 이전 상태이기 때문이다. 동물의 원초적 본능 중에서도 약육강식 본능이 가장 강하다. 그래서 아이들은 상대가 약하면 짓밟는다. 상대가 부모여도 상관 없다. 그래서 자기가 원하는 것을 얻고 싶으면, 숨이 넘어갈 정도로 울며 부모의 의지를 테스트한다. 그래서 부모가 항복하면 약자로 보고 마구 짓밟아 목적을 달성하려고 한다. 그러나 부모가 휘둘리지 않고 의연한 태도를 보이면 강자로 인정하고 순종한다.

따라서 자녀에게 절제 능력을 길러주려면 부모가 자녀에게 약자로 보이게 행동하면 안 된다. 자녀가 장난감, 컴퓨터, 게임 머니, 휴대폰 등 자신이 원하는 것을 사 달라고 조를 때 "안 돼! 돈 없어." 또는 "나중에 사 줄게."라며 임기응변식으로 위기를 모면하면 자녀의 약육강식 본능은 더욱 강해진다. 조용한 목소리로 "형편을 좀 보자."라고 말하며 시간을 갖게 하고 자녀가 화를 내도 무심하게 "기다리라."고 해서 본능을 잠재워야 자녀는 부모에게 만큼은 강자가 될 수 없음을 인정하고 절제할 것이다.

부모가 자녀에게 약자로 보이지 않으려면 자녀가 숨넘어갈 것처럼 졸라대도 항복하지 말아야 한다. "엄마는 그 정도로 비싼 장난감을 사줄 능력이 없으니 네가 직접 돈을 벌어서 사는 게 좋겠다." 정도의 합리적인 제안을 하면 된다. 자녀의 수준에 맞게 집안 청소, 심부름, 학교 숙제, 시간 지키기 등에 적절한 가격을 매겨 집에서 돈 버는 방법도 함께 제시해 당장 실행이 가능하도록 하면 자녀는 관심이 그 쪽으로 옮겨져 합리적인 제안을 받아들일 것이다.

자녀의 절제 습관을 길러주려면

- 자녀의 요구를 다 들어주지는 말라.
- 자녀의 지나친 요구는 "지금 돈 없어."와 같은 임기응변으로 적당히 넘어가지 말고 확실히 무시하라.
- 자녀가 스스로 돈을 벌어서 해결할 수 있는 방법을 제시하라.
- 자녀가 절제의 의미를 깨달으면 그 때부터 음식 조절, 사고 싶은 물건 덜 사는 것 등을 훈련시켜라.

2. 자녀의 성공 자의식을 일깨우는 대화법

성공지수의 핵심요소인 성공 자의식은 숨은 능력을 발굴하는 도전정신, 두려움을 극복하는 용기, 일의 가치를 믿고 열중하는 열정, 어려움이 닥쳐도 굴복하지 않는 의욕과 패기, 나이와 상관없는 호기심과 순수성, 긍정적인 사고 등으로 구성된다. 성공 자의식은 부모의 언행에 따라 저절로 길러지거나 소멸될 수 있다. 이 장에서는 자녀의 성공 자의식을 일깨우는 부모의 대화법을 알아본다.

숨은 재능을 발굴하는 대화법

사람은 누구나 한 가지 이상의 재능을 타고 난다. 남보다 나무를 잘 깎거나, 기계를 잘 고치거나, 요리를 잘하는 등 재능의 종류는 다양하다. 그런데 타고난 재능도 방치하면 슬그머니 사라질 수 있다. 발굴해서 갈고 닦아야만 보석이 된다. 세계적인 음악가, 미술가, 작가 등은 그 재능을 갈고 닦아 성공한 사람들이다.

그러면, 타고 나지 않은 재능을 억지로 갈고 닦아도 성공할 수 있을까? 어느 정도의 성공은 할 수 있지만 결코 최고의 경지에 이르지는 못한다. 세상에는 수많은 음악가, 미술가, 작가 지망생 등이 있고 모두 그 분야의 최고가 되기 위해 피나는 노력을 하지만 세계적인 대가가 되는 것은 타고난 재능을 개발한 사람들이다. 억지로 만든 재능을 갈고 닦으면 어느 정도는 성공할 수 있지만 결코 최고는 될 수 없다.

그런데도 많은 부모들이 자녀의 숨은 재능을 무시하고 그저 남 보기에 좋은 재능을 개발하려고 불필요한 돈과 에너지를 낭비한다. 자녀에게 음악적 재능이 없는데도 음악 학원에 보내기에 열심이며, 미술적 재능이 없는데도 미술 학원 보내기에 혈안이 된 부모가 많을 것이다. 그러나 없는 재능을 만들어내는 후천적인 노력은 돈, 시간, 열정을 더 많이 투자하고도 대부분 결과가 좋지 않다.

따라서 자녀를 고생 덜 시키고 성공시키려면 타고난 재능을 찾아내 투자하는 것이 현명하다. 공부에 흥미가 없는 아이에게 억지로 과외를 시키거나 음악적 재능이 없는 아이에게 강제로 악기를 배우게 하지 말고, 그 애가 축구를 좋아하면 공을 차게 하고 종이접기를 좋아하면 그것을 하도록 도와주어야 성공이 쉬워지는 것이다.

만약 박지성 선수의 부모가 아들에게 축구 대신 공부를 하라고 다그쳤다면 어떻게 되었을 것인가? 박지성의 아버지도 처음에는 평발에 단신인 아들의 여러 가지 조건이 축구에 맞지 않는다는 판단으로 축구를 말렸다고 한다. 그러나 아들의 타고난 재능을 알고난 다음부터는 적극적으로 지원해서 아들을 국내 최초의 프리미어리거로 성공시켰다.

자녀의 타고난 재능을 발굴해서 갈고 닦게 하려면 먼저 자녀를 편견 없이 관찰할 수 있어야 한다. 어떤 아이는 틈나는 대로 춤을 추고, 어떤 아이들은 컴퓨터 게임만 하고, 어떤 아이들은 낙서처럼 만화만 그릴 수 있다. 그 때 부모가 "너는 공부는 안 하고 맨날 춤만 추니?", "어째 너는 늘 게임만 하고 있니?"라며 핀잔을 주면 자녀는 자신의 숨은 재능을 숨기고 억제해야 한다고 믿는다. 그러나 부모가 진지하게 "너는 왜 춤이 좋니?"라거나 "너는 왜 낙서가 좋니?" 하고 질문하면 자신의 재능을 긍정적인 관점으로 보게 된다.

만약, 자녀의 숨은 재능이 남들 눈에 곱게 보이지 않는 것일지라도 "그딴 짓을 해서 밥이나 먹고 살겠어? 다른 할 일도 많은데 하필 그런 걸 하려고 그래?" 등의 말로 자녀가 자신의 재능을 부끄럽게 여기지 않도록 조심해야 한다. 자녀가 가진 재능이 남들이 알아주지 않는 분야일지라도 후원하고 북돋워주면 성공 자의식이 높아져 그 분야의 최고로 성공할 수 있다. 공부는 전혀 하지 않고 하루종일 춤만 추던 서태지가 좋은 예다. 당시는 춤추는 아이들을 못마땅해하는 사회 분위기였음에도, 어머니가 "너는 춤추는 것이 그렇게 좋니?" 하며 아이를 이해하는 대화로 유도했고, 결국 서태지는 춤과 노래로 대성할 수 있었다.

TV 드라마 〈겨울연가〉의 테마 음악으로 이름을 날린 피아니스트 이루마의 어머니도 아주 간단한 방법으로 아들의 재능을 발굴하여 그 분야 최고로 성공시켰다. 이루마의 누나들은 그가 세 살 때부터 피아노를 배웠다. 이루마는 누나들이 피아노 연습을 할 때마다 피아노 밑으로 내려가 페달을 밟겠다고 떼를 쓰는 등 유난히 피아노 주변을 맴돌았다. 어머니는 아들이 피아노에 재능이 있다고 판단하고 "피아노를 배우겠니, 유치원을 다니겠니?"라고 물었다. 이루마는 스스로 피아노를 선택했다.

그런데 피아노 교육을 받은 지 7년쯤 지나자 이루마는 갑자기 레슨을 받기 싫어했다. 어머니는 "지금껏 레슨받은 게 아깝지도 않니? 지금 그만 두면 어떡해!"라고 말하고 싶었지만 아들이 하고 싶은 대로 하게 해주었다. 그러자 그는 혼자서 마음껏 피아노 연주를 하며 피아노 코드 법을 터득해나갔다. 그리고 그만의 독특한 연주 방식을 만들어내어 유명해질 수 있었다. 어머니가 아들을 믿고 내린 결정이

뉴에이지 음악가의 탄생을 이끌어낸 것이다.

자식의 타고난 재능을 발굴해서 발전시키는 것은 난蘭을 난답게, 장미를 장미답게 기르는 것과 같다. 타고난 재능을 무시하고 어머니가 원하는 새로운 재능을 만드는 것은 마치 난에게 '장미꽃이 더 좋으니 장미꽃을 피우라' 고 요구하고, 장미에게 '난꽃이 더 좋으니 난꽃을 피워달라' 고 요구하는 것과 같다. 그렇게 해서는 결코 좋은 꽃이 필 리 없다.

자녀의 숨은 재능을 발굴하려면

- 자녀를 편견 없이 객관적으로 관찰한다.
- 자녀가 좋아하는 일이 마음에 들지 않아도 "그걸로 밥이나 먹고 살겠니?" 하며 비난하는 일은 없어야 한다. 자녀가 자신의 숨은 재능을 부끄러워하지 않도록 특히 유념한다.
- 자녀가 좋아하는 일에 대해 "너는 왜 그것을 좋아하니?"라고 물어 스스로 그 해답을 찾게 한다.

두려움을 극복하게 해주는 대화법

떨게 되면 시합에서 지기 쉽고, 두려우면 기가 꺾여 어려움을 극복할 수 없다. 실제로 성공한 사람들을 보면 무모할 정도로 용감하다. 자의식이 높기 때문이다. 자녀를 성공시키려면 두려움을 극복할 수 있는 자의식을 길러주어야 한다. 그것이 성공지수를 높이는 지름길이다.

자녀를 너무 감싸 기르면 자의식은 길러줄 수 없다. 아이들은 아직 여리기 때문에 낯선 사람을 만나면 어머니 뒤로 숨거나, 어머니 품으로 달려와 보호를 요청한다. 사람의 감정은 뇌의 집중도에 따라 커지거나 소멸될 수 있어 어려움을 당할 때마다 어머니가 감싸주면 자녀의 뇌에 강한 자의식이 자랄 틈이 없다. 때로 냉정하게 혼자 극복하도록 내버려두면 자녀의 뇌가 스스로 두려움을 극복하는 쪽으로 초점을 맞추어 두려움을 극복할 수 있는 자의식이 길러진다.

미국 대통령 부인으로 백악관 안주인 노릇을 8년이나 한 여자, 남편의 대통령 임기가 끝나자 곧 뉴욕에서 상원 의원이 된 여자, 그리고 차기 대선의 유력한 후보로 지목받는 여자, 힐러리 로드햄 클린턴. 그녀가 어린 시절에는 다른 애들보다 더 겁쟁이였다면 믿을 사람이 있을까?

그녀는 네 살 때까지 보통 여자애들보다 훨씬 겁이 많은 아이였다고 회고한다. 그녀는 집 밖에 나가 동네 애들과 노는 것조차 겁을 내, 걸핏하면 어머니 품으로 쪼르르 달려들었다. 어머니는 그런 딸의 약한 성격을 고쳐주려고 일부러 딸을 냉정하게 대해 결국 세상에 두려울 것 없는 강인한 여성으로 만들었다.

힐러리는 시카고 인근의 파크릿지라는 가난한 동네에서 태어났다. 미국의 가난한 동네 특성대로, 문 밖에만 나가면 거칠고 사나운 애들이 괴롭혀 억세지 못한 애들은 어울리기가 힘들었다. 그래서 어머니는 힐러리가 나가 놀면 문밖에 나가 가만히 지켜보곤 했다. 딸이 네 살이 되어서도 아이들의 괴롭힘을 피해 걸핏하면 어머니 품으로 달려오자 한 번은 딸의 어깨를 움켜잡고 눈을 똑바로 들여다보며 "우리 집에 겁쟁이가 있을 자리가 없다!"고 말하며 단호하게 다시 밖으로 내보냈다. 네 살배기 힐러리는 어머니의 갑작스러운 태도에 놀라 눈이 휘둥그레졌다.

그러나 어머니는 조금도 흔들리지 않고 딸을 내쳤다. 어린 힐러리는 친구들의 괴롭힘을 피해 어머니에게 달려와도 어머니가 더 이상 감싸주지 않을 것이라고 판단했다. 그래서 아이들이 아무리 괴롭혀도 물러서지 않고 버틸 만한 힘을 길렀다.

자녀의 성공 자의식을 길러주려면 자식이 두려워한다고 해서 "우리 아기, 무섭지! 엄마가 있으니까, 걱정 마. 모든 것을 엄마에게 맡겨." 하고 말해서는 안 된다. 그렇게 하면 자녀의 뇌가 점점 두려움을 키워 겁쟁이가 된다. 그러면 아무리 공부를 잘해도 성공하기 힘들다.

자녀의 성공 자의식을 길러주려면 불안해도 자식을 품에만 두지 말고 때로는 단호하게 내칠 줄도 알아야 한다.

자녀가 두려움을 극복하게 하려면

- 아이가 부모에게 보호를 요청할 때마다 감싸주지 않는다.
- 때로는 단호하게 혼자서 두려움을 극복하게 한다.

자신이 하는 일의 가치를 믿게 해주는 대화법

비슷한 환경에서 자라고도 어떤 사람은 자기가 자라온 환경을 부끄러워하고, 어떤 사람은 오히려 자랑스러워한다. 어떤 사람은 자기가 하는 일이 하찮아도 귀하게 여기고, 어떤 사람은 귀한 일을 하면서도 그 일을 하찮아한다. 성공지수는 하찮은 일도 자기가 하는 일은 무조건 귀하게 여길 때 높아진다.

성공한 사람들은 대체로 하찮은 일도 귀하게 여겨 남들이 모두 어렵다고 말하는 상황에서도 성공하고 만다. 따라서 자녀를 성공시키려면 아이가 하는 일이 하찮게 보여도 하찮다며 무시하지 말아야 한다. 자식이 무슨 일을 하건 "그런 걸 해서 뭐할 거냐?", "쓸데없는 짓 그만하고 공부나 해."와 같은 말을 삼가야 한다.

부모가 "공부나 열심히 할 것이지, 시간이 남아도니?"와 같은 말을 하면 자녀는 '자신이 하는 일을 하찮은 것으로 여기는 사람'이 되기 쉽다.

아이들의 뇌는 부모의 말에 강한 자극을 받기 때문에 부모가 그런 식으로 깎아내리면 자녀의 뇌를 지속적으로 자극해서 "내가 하는 일이 역시 그렇지 뭐!" 하며 자신을 깎아내리는 습관을 만들 수 있다.

반면, 부모가 자식이 하는 일을 귀하게 여기며 "그거 정말 대단하다.", "그런 것도 쓸모가 많시!"라고 말해주면 자녀의 뇌는 자신이 하는 하찮은 일도 귀하게 여겨 성공 자의식을 높일 것이다. 그래서 장래 그 분야 최고가 될 수 있을 것이다. 남들은 하찮게 여기는 '쥐 잡는 법'만 연구해서 국내 최고의 방역회사 세스코를 세운 전순표 회장이나, 남들이 꺼리는 청소용구 개발로 세계적인 기업을 만든 3M의 다섯 창업자들도 역시 남들이 하찮게 여기는 일을 귀하게 여겨 틈새시장을 장악하고 성공한 사람들이다.

다음은 개그맨 황승환이 한 라디오 방송 프로그램에 출연해 들려준 그의 어머니에 관한 이야기다. 황승환은 초등학교 5학년 때, 어머니의 만화 가게 앞에서 '뽑기 장사'를 하고 싶다고 말했다. 어머니는 그 말을 듣고 말리기는커녕 적극 지원해주었다.

대부분의 어머니들은 아들이 자기 가게 앞에서 할아버지들이나 하는 그런 장사를 하겠다고 말하면 "쓸데없는 짓 그만하고 공부나 열심히 해!" 하고 단호하게 거절했을 것이다. 하지만 그의 어머니는 오히려 뽑기 장사에 필요한 설탕과 국자, 연탄 화덕 등을 적극 지원해주었다.

황승환의 어머니는 아들의 요청을 들어주었을 뿐만 아니라, 그 일을 더 잘할 수 있도록 적절한 지원까지 해줌으로써 아들에게 하찮은 일이라도 자신이 하는 일에 대해 가치 있게 생각하게 하는 사고를 길러준 것 같다.

황승환은 누구 못지 않게 오랜 무명시절을 보낸 스타다. 그가 만약 초등학교 때 그런 경험을 해보지 못했다면 그 기나긴 무명 세월을 이겨내지 못했을지도 모른다.

이명박 전 서울시장 역시 매우 가난한 어린 시절을 보낸 것으로 유명하다. 그의 집은 너무 가난해서 여자 형제들은 초등학교, 남자 형제들은 중학교 정도밖에 다닐 수 없었다. 막내인 그는 어머니의 뻥튀기 장사를 도우며 야간 상업학교에 다녔다. 그런데 어머니와 함께 장사하는 곳이 하필 여고 앞이라 여간 창피하지 않았다. 그래서 그는 여학생들 눈을 피하기 위해 겨울에도 챙이 넓은 밀짚모자를 눌러쓰고 일했다.

그 모습을 본 어머니는 "사내 자식이 무엇이 부끄럽다고 추운 겨울에 밀짚모자를 쓰고 장사를 하느냐? 장사를 잘하려면 물건을 사는 손님의 눈을 보고 팔아야지!" 하며 호통을 치셨다. 그 때 어머니의 그 한 마디가 '내가 하는 일이 아무리 하찮아도 부끄러워하면 안 된다'는 사고를 길러주었다고 그는 회고한다.

부모가 자신의 어려운 처지를 떳떳하게 생각하면 자녀들도 환경을 탓하지 않고 자신이 하는 하찮은 일도 귀하게 여기게 되며 그것이 곧 성공 자의식이 되는 것이다. 부모가 자녀의 지표가 되는 것은 성공 자의식에서도 다르지 않다.

자녀가 자신이 하는 일의 가치를 귀하게 여기게 하려면

- 자식이 하는 일에 "그까짓 것, 해서 어디에 쓸래?", "쓸데없는 짓 그만 하고 공부나 해!"와 같은 말은 삼간다.
- 자녀가 공부는 안 하고 쓸데없는 일로 시간을 낭비하는 것 같더라도 믿고 인정해준다.
- 자식이 하는 일이 하찮게 보여도 귀하게 여기며 "대단한데?", "그런 것도 쓸모가 많지!"라고 지속적으로 격려한다.

의욕과 자신감을 길러주는 대화법

성공하는 사람들은 대체로 의욕에 넘친다. 가진 것이 없어도 자신만만하다. 그러나 실패하는 사람들은 많은 것을 갖고도 자신이 없다. 자신이 없으니 의욕도 없다. 자녀를 가진 것 없어도 자신만만하게 만들어야 성공시킬 수 있다.

미국판 아모레 아줌마, 세계 최대의 화장품 방문판매업체인 에이본 화장품 CEO, 중국계 미국인 안드레아 정. 그녀는 소수민족 여성이었지만 그 모든 어려움을 극복하고 미국 경제계를 주무르는 거물이 되었다. 미국도 불과 몇십 년 전에는 인종 차별과 여성 차별이 심했다. 안드레아 정은 미국 내 소수민족인 중국계 이민에다 남녀차별이 심한 시대의 여성이었으며, 초기 아시아계 미국 이민자들이 그렇듯 상하이에서 이민 온 가난한 부모의 자녀일 뿐이었다. 그런데도 그녀는 의욕과 자신감으로 그 모든 악조건을 이겨내고 미국 경제계의 거물로 성공했다. 비결은 어머니의 "안드레아, 여자도 남자가 할 수 있는 것은 무엇이든 다 할 수 있어. 여자도 열심히 노력하면 남자들 못지않은 경지에 오를 수 있단다."라는 말이었다고 한다.

미국 프로 농구의 슈퍼스타 샤킬 오닐. 그는 농구선수로 적합한 2m

가 넘는 큰 키와 다부진 몸매를 타고났다. 그래서 고등학교 재학시절 내내 최고의 농구 선수로 군림했다. 그러나 졸업 전 전국 최고의 프로 농구 선수가 되기 위해, 미국 최고의 프로 농구팀인 NBA 주관의 〈농구 캠프〉에 참가하고는 갑자기 자신감이 땅으로 떨어졌다. 시골 고등학교에서 농구 선수로 이름을 날리던 샤킬 오닐도 전국에서 모여든 최우수 선수들을 만나자 단번에 기가 죽은 것이다. 캠프에는 이미 유명 선수로 활약하거나, 유명 선수에게 개인 레슨을 받는 애들로 가득했기 때문에 그럴 만도 했다. 캠프에 참가한 아이들은 최고급 운동복을 입었으며 모두들 당당했다. 텍사스의 한 시골 고교 농구 선수였던 샤킬 오닐은 그런 애들에게 압도당해 의욕과 자신감이 급격히 사라졌다. "알고 보니 내가 별볼 일 없는 농구 선수였구나. 나 정도의 실력으로는 이런 곳에서 명함도 못 내밀겠어."라는 생각이 들자 당장 짐을 꾸려 부모님 품으로 돌아왔다. 그의 어머니는 "꿈은 희망이 있을 때 채워지는 것이다. 최선을 다해 그 애들과 맞서라. 지금이 가장 좋은 기회다. 그러니 네 실력을 마음껏 사람들에게 보여주어라." 하며 격려했다. 그런데도 너무 겁이 난 그는 "엄마, 지금은 안 돼요. 나중이라면 모를까!" 하고 엄살을 부렸다. 그러자 어머니는 단호한 눈초리와 목소리로 "나중이란 누구에게나 오는 것이 아니야."라며 아들을 기어이 캠프로 돌려보냈다. 그제서야 그는 정신이 번쩍 들었고 다시 최선을 다해 농구를 했다. 그 후, 그는 미국 최고의 농구 선수가 되었다.

이처럼 인생의 중요한 순간에 어머니가 성공 의욕을 북돋아 자신감을 갖게 해주면 자녀의 성공지수가 높아진다. 그러나 자녀가 의욕과 자신감을 잃었을 때 부모가 비난을 하면 성공지수가 낮아져 자신감과 의욕을 회복할 길이 없어진다. 또, 어머니가 자녀의 두려움이 안타까워 "그래, 두려우면 굳이 지금 그것을 할 필요가 없단다." 하며 자녀의 두려움을 받아들여도 성공지수가 낮아진다. "너라면 반드시 할 수 있다!"는 자신만만한 말만이 자녀의 자신감을 회복하고 역경을 넘길 수 있는 성공 자의식을 강화해준다.

자녀를 성공시키고 싶으면, 자녀가 하는 일이 미흡해 보여도 비난하지 말라. 그리고 고비를 넘기고 앞으로 나아가도록 단호하게 "너는 할 수 있다!"고 말하라. 그 말이 반복되는 동안 자녀는 의욕과 자신감이 커져 매일매일의 생활에서 성공지수를 높일 것이다.

자녀에게 의욕과 자신감을 길러주려면

- 아이가 의욕과 자신감을 잃어도 절대 비난하지 않는다.
- 아이가 자신감을 잃고 지금 하는 일을 중단하려고 하면 눈을 똑바로 들여다보며 "너는 할 수 있다!"고 말한다.
- 평소에도 항상 "너는 할 수 있다."라는 말로 자녀의 뇌를 자극한다.

호기심을 잃지 않게 해주는 대화법

성공한 사람들은 나이에 상관없이 호기심이 왕성하다. 지금은 학력 높고 머리 좋은 사람들이 넘치는 시대다. 비슷한 학력과 지식만 가지고는 성공할 수 없다. 호기심을 키워 차별화된 아이디어를 가져야 성공할 수 있는 것이다. 그런데 많은 부모들이 자녀를 성공시키려고 과도한 비용과 에너지를 투자하면서도 일상 생활에서 자녀의 호기심을 짓밟아 자녀의 성공지수를 감소시키는 실수를 저지른다.

자녀의 호기심 어린 질문에 "그런 건 몰라도 돼.", "어린 게 뭘 그런 것까지 알려고 그래?", "지금 바쁘니까 나중에 물어 봐.", "쓸데없는 참견 말고 넌 공부나 해."와 같은 말들로 호기심의 싹을 싹둑 잘라버리는 것이다.

어린아이들은 말을 배우기 시작하면 "엄마, 저게 뭐야?"를 연발하며 호기심을 드러낸다. 조금 더 자라면 "별은 왜 반짝여요?", "아기는 어떻게 생겨요?", "꽃은 왜 모양과 색이 모두 달라요?" 등 좀 더 복잡한 질문으로 더 광범위한 지식과 지혜를 얻게 된다.

그러나 어머니 입장에서는 자녀가 대답하기 힘든 질문을 하면 성의껏 답해주기가 쉽지 않다. 아이들은 에너지가 너무 왕성해서 위험한 상황에 빠지기 쉽기 때문에, 어머니로서는 아이가 위험에 처하지 않도록 보호하는 일만으로도 몸과 마음이 지쳐 자녀의 어려운 질문에 일일이 답해주기 어려운 것이다. 그래서 "엄마 바쁜데 나중에 물어 볼래?", "그런 건 몰라도 돼."와 같은 성의 없는 대답으로 자녀의 호기심을 짓밟기 쉽다. 그러나 그 결과는 무섭다. 어머니의 이 무성의한 대답이 자녀의 뇌에 "그런 것은 몰라도 된다."는 인식을 심어주어 아예 호기심을 차단시키고 성공 자의식을 소멸시킬 수 있다.

세계적인 거부이자 '컴퓨터의 황제' 로 불리는 빌 게이츠도 못 말리는 호기심쟁이었다. 남들은 컴퓨터가 뭔지도 모를 때 오직 컴퓨터에만 매달려 열세 살에는 세계 최초로 소프트웨어 프로그램을 만들었다. 아인슈타인이 '호기심은 존재 그 자체' 라는 말을 남겼듯 그는 "도대체 컴퓨터가 무엇인가?"를 알기 위해 밤을 새워가며 컴퓨터를 연구했고 훗날 최고의 컴퓨터 황제가 될 수 있었다.

그런데 아이가 호기심이 많아 질문이 많은 것조차 못마땅해하면 아이는 호기심은 위축되어 "왜?"라고 묻는 것을 자제하게 된다.

어머니가 자녀의 호기심 어린 질문을 가볍게 여기거나 무시하면 '엄마에게는 물어봐야 내 호기심이 충족되지 않는다' 는 인식을 갖게된다. 게다가 나이가 들어갈수록 타인에게 무시당할까 봐, 모르는 것도 "왜?"라고 묻지 않게 된다. 그렇게 되면 정확한 정보를 확보할 수 없어 성공지수가 낮아진다.

세상에 존재하는 놀라운 발명들은 대부분 호기심에서 출발했다. 전화를 발명한 알렉산더 그레이엄 벨은 '왜 멀리 있는 사람과 대화를 나눌 수 없는 것일까?' 라는 호기심을 충족하려고 전화를 발명했고, 만유인력의 법칙을 발견한 아이작 뉴턴은 '왜 사과가 땅으로만 떨어질까?' 라는 호기심을 가졌기 때문에 '만유인력의 법칙' 을 발견할 수 있었던 것이다.

당신도 자녀를 성공시키려면 학원 찾아다니고, 뒤따라다니며 청소해주려고 하지 말고 자녀의 호기심 어린 질문에 성의 있는 답변을 해주어 성공지수를 높여주어야 뜻을 이룰 수 있을 것이다.

물론 자녀의 왕성한 호기심에 부모가 모든 것을 대답해줄 수는 없다. 호기심을 짓밟지 않고 사전이나 인터넷 사용법을 알려주고 친척이나 이웃에게 전화나 메일로 질문하게 법 등을 일러주면 된다. 그것만으로도 자녀의 호기심은 왕성하게 발전해 성공지수가 높아질 것이다.

자녀의 호기심을 살려주려면

- 자녀의 호기심 어린 질문에 최대한 성의 있는 답변을 해준다.
- 질문에 일일이 대답해줄 수 없을 때는 사전이나 인터넷 사용법을 알려주거나 친척, 이웃에게 전화나 메일로 질문하는 법 등을 일러주는 것이 좋다.

사물을 긍정적으로 보게 해주는 대화법

성공한 사람들에게는 안 되는 일보다 해볼 만한 일이 더 많다. 또 기분 나쁜 일은 없고 귀찮은 일이 있을 뿐이다. 매사를 긍정적으로 보기 때문이다. 사물을 긍정적으로 보면 똑같은 일도 더 좋아보인다.

사람의 뇌는 관심 있는 일에 초점을 맞추고 그렇지 않은 일은 금세 소멸시키기 때문에, 사물을 긍정적으로 보면 긍정적인 사고가 강화되지만 부정적으로 보면 그 반대가 된다. 예를 들면 사물을 긍정적으로 보는 사람은 엘리베이터 앞에서 한참을 기다려야 할 때 '다른 층에서 사람들이 많이 타는구나' 라고만 생각할 뿐, "늘 내가 타려면 이런 식이야!" 하며 불평할 생각조차 하지 않는다. 긍정적인 사람들은 간혹 엘리베이터 앞에 도착하자마자 바로 문이 열리는 경우를 더 부각시켜 기억하기 때문이다. '나만 나타나면 엘리베이터는 문이 빨리 열린다' 고 사실화하여 뇌에 입력해두는 것이다. 사실, 어떤 일이나 잘될 경우와 잘못될 경우의 수는 반반이다. 다만 누군가의 뇌는 긍정적인 면만 입력하고 누군가의 뇌는 부정적인 면만 입력해 현실이 다르게 보일 뿐이다.

이러한 뇌의 특성 때문에, 실패하는 사람은 같은 일을 겪으면서도 불평불만이 더 많고 자기가 그 일을 해도 잘 될거라는 확신이 없어 실패하기 쉽다. 게다가 자신의 실패를 정당화하려고 옆 사람에게까지 부정적 사고를 전염시켜 주변 사람들을 떠나가게 하기 때문에 성공에 필요한 인간관계도 망쳐버린다. 그 때문에 미국의 루즈벨트 전 대통령의 부인 엘레노어는 "부정적인 사람은 병균과 같다. 그런 사람과는 가까이 하지 않는 것이 좋다."는 말을 남겼다.

행동은 사고에서 오고, 사고는 언어에서 오기 때문에 사물을 긍정적으로 보려면 긍정적인 언어를 사용해야 한다. 자녀는 부모에게 언어 습관을 배운다. 만약 어머니가 "죽고 싶어.", "내가 못살아!" 등의 부정적인 언어를 많이 사용하면 자녀도 그렇게 말하게 된다. 사람의 뇌는 말의 내용대로 자극을 받기 때문에 사용 언어가 부정적이면 부정적인 시각에 초점을 맞춘다. 이렇듯 자녀가 부모로부터 부정적 언어 사용 습관을 배워 부정적으로 말하면 매사를 부정적으로 보게 되어 성공지수가 낮아진다.

초등학교 6학년 윤지 어머니는 윤지가 친구 없이 혼자 노는 시간이 많아져 걱정이다. 윤지는 친구가 조금만 자신의 마음이 들지 않으면 "그 애, 정말 이상한 애야."라거나 "그 애는 할 줄 아는 게 아무것도 없어." 하며 부정적인 말을 늘어놓는다. 어머니가 "그 애한테도 장점이 있을 거야."라고 말해도 "아니야." 하며 집요하게 친구의 단점을 찾아내고는 다시는 그 친구와 놀지 않는다. 최근에는 "나는 재수없는 애야!", "난 꼭 뭔가 해보려고 하면 일이 안 돼." 하고 자기 자신마저 깎아내린다. 윤지의 뇌는 이미 사물을 부정적으로 보도록 프로그램화되어 있는 것 같았다.

그런데 나는 고민하는 윤지 어머니의 말투에서 "정말 큰일이에요.", "애가 원래 그렇게 삐딱해요."라는 등의 부정적인 말의 사용을 많이 발견했다. 사실은 윤지가 어머니의 파괴적이고 부정적인 언어 습관을 고스란히 물려받은 듯 했다.

그래서 나는 윤지 어머니에게 아이가 "그 친구, 재수 없어!"라고 말하면 절대 그냥 넘기지 말고 "그 친구가 정말 마음에 안 들었구나. 그런데 뭐가 그렇게 재수 없어?"라고 물어 윤지가 가진 부정적 사고 체계를 조금씩 흔들어줘야 한다고 일러주었다. 그리고 "엄마는 그 이유가 궁금한데 말해 줄래?" 등의 말로 자녀의 내면에 쌓인 분노를 약화시키고 어머니부터 먼저 긍정적 언어 사용을 생활화하라고 조언했다. 그리고 이 일을 실천하지 않으면 아무리 공부를 잘하게 뒷바라지해도 자녀를 성공시키기 힘들 것이라고 덧붙였다.

자녀의 긍정적 사고를 길러주려면

- 부모의 언어부터 긍정적으로 바꾼다.
- 자녀의 부정적 사고를 흔들어주기 위해 자녀의 부정적 설명을 평가하지 말고 들어준 후 "엄마는 그 이유가 궁금한데 말해 줄래?"라고 묻는다.

목표와 비전을 갖게 해주는 대화법

비전은 '나는 앞으로 이렇게 살겠다'는 인생 구상이다. 그리고 목표는 그 비전대로 살기 위해 구체적으로 해야 할 일들이다. 인생은 게으름, 핑계, 유혹, 자신의 능력적 한계 등 장애물들이 많아 원하는 대로 살기가 쉽지 않은 여정이다. 그러나 비전이 확실하면 여러 장애물들을 극복할 만한 에너지가 샘솟아 그다지 힘들지 않는 여정으로 바뀐다. 지붕을 펄펄 나는 이소룡도 처음부터 그렇게 할 수 있었던 것은 아니다. 걸음마를 배울 때는 자기 키만 한 나무를 뛰어 넘고 다음에는 담을 넘고…… 그런 식으로 목표를 세우고 한계를 극복해 비전에 다가가 세계 최고의 쿵후 유단자가 된 것이다.

목표와 비전은 이처럼 한계와 장애를 극복할 에너지를 생성시키기 때문에 분명한 비전과 목표를 가지고 자신의 한계를 극복하면 성공지수가 높아진다. 따라서 자녀를 성공시키려면 무작정 "공부 열심히 해라."고 외칠 것이 아니라 우선 비전을 정하고 그것에 도달하기 위한 구체적인 목표들을 세우게 해야 한다.

요즘에는 공부는 꽤 열심히 하는데도 이상할 만큼 성적이 오르지 않는 자녀 때문에 고민하는 부모들을 많이 만난다. 그런데 그런 부모들은 자녀가 왜 성적을 올려야 하는지에 관한 자녀의 미래비전에는 관심이 없다. 그저 막연하게 공부 열심히 하라고 압력을 가하거나 "정말 속상해 죽겠네! 도대체 뭐가 문제야?"라며 다그친다. 그러나 자녀는 미래에 대한 비전과 인생 목표가 분명하지 않기 때문에, 왜 그토록 열심히 공부를 해야 하는지 모르는 채 공부하기 때문에 열심히 해도 좋은 결과를 얻지 못한다.

만약 부모가 계속해서 아무런 인생의 목표 없이 공부하라는 말만 되풀이한다면 자녀는 왜 공부를 잘해야 하는지 스스로 납득하지 못한 채, 부모에 대한 원망만 키울 것이다. 이런 경우, 자녀가 타고난 머리가 좋아 공부를 잘하더라도 공부가 성공으로 연결되기 쉽지 않다.

서영이의 어머니는 아들이 중학교 졸업 때까지 반에서 1등을 놓치지 않자 아들을 서울대에 보내겠다는 일념을 버리지 않고 살았다. 그래서 아들의 귀에 못이 박히도록 "엄마는 네가 서울대 들어가는 것이 소원이야."라고 말해왔다. 그런데 아들은 고등학생이 된 후 갑자기 성적이 뚝 떨어지더니 간신히 중위권을 유지하는 정도가 되고 말았다. 어머니 자신도 그 성적으로는 서울대는커녕 서울권 대학을 가기도 힘들다는 사실을 알고 있었지만, 아들이 원래 공부를 잘했기 때문에 조금만 더 노력하면 성적이 회복될 거라는 희망을 버릴 수 없었다. 서영이는 사춘기 때조차 어머니 말을 거역한 적이 없는 말 잘 듣고 착한 아들이었다. 어머니의 '서울대 타령'이 부담스러울 법도 한데 전혀 내색하지 않고 "엄마, 성적 올리지 못해서 미안해요. 더 열심히 할게요."라고만 되풀이했다. 그러나 어머니의 기대와는 달리 성적은 회복되지 않고 더 내려가기만 했다. 어머니는 깨닫지 못했지만 서영이는 자기가 왜 그토록 서울대를 가야하는지 공감할 수 없는 상태에서, 학년이 올라갈수록 점차 더 심한 경쟁 상태에 놓이자 자기도 모르게 긴장의 끈을 놓아버리고 만 것이다.

어머니 보기에 자식이 공부를 열심히 한다고 해서 정말로 열심히 하는 것만은 아니다. 어떤 아이들은 단지 어머니의 감시가 두려워, 보여주기 위한 공부를 한다. 어머니일지라도 자녀의 머릿속까지 들여다볼 수는 없어 속을 수밖에 없다. 만약 자녀가 공부를 열심히 하는데도 성적이 오르지 않는다면 막연히 공부하라고 닥달할 것이 아니라 먼저 '미래 비전과 인생 목표'부터 세우도록 해야 할 것이다.

사람은 상대가 비록 어머니일지라도 남이 억지로 시켜서 하는 일에는 신명을 낼 수 없다. 공부도 마찬가지다. 뭐든지 자기가 원하는 비전과 목표가 분명해야 밤을 새더라도 꼭 하고 싶어진다. 따라서 "너는 왜 공부를 해야 한다고 생각하니?" 등의 질문으로 자녀 스스로 미래에 대한 비전과 인생의 목표부터 세우도록 하고 본인이 그 목표를 위해 스스로 공부해야 한다는 의식을 갖게 하는 것이 좋다.

아무리 천재라 해도 마음이 우러나오지 않으면 능력을 제대로 발휘할 수 없다. 자기가 능력을 발휘할 생각이 없는데 어머니가 억지로 하라고 해서 하는 공부로는 좋은 성적을 내기 힘들지 않을까?

또한 자식은 부모와는 완전히 다른 독립체여서 부모가 정해주는 일을 받아들이고 싶어하지 않는다. 부모가 "공부 열심히 해서 무슨 무슨 대학 가라." 고 지시하는 것 자체가 싫을 수 있다.

따라서 부모가 일방적으로 자녀의 비전과 목표를 정해주지 말고 자녀 스스로 정하도록 유도하는 것이 좋다. 그렇게 하지 않으면 자녀는 자신을 위해 공부하는 것이 아니라, 어머니 때문에 어쩔 수 없이 공부해야 한다고 생각해서 공부를 잘하기 어려울 뿐만 아니라 성적이 높아져도 성공으로 연결시키지 못한다.

그러나 목표와 비전만 확실하면, 비록 학교 성적이 좋지 않더라도 성공지수가 높아져 자기가 원하는 길로 얼마든지 성공할 수 있다.

자녀가 비전과 목표를 갖게 하려면

- 부모가 자녀의 인생 목표를 마음대로 정하지 않는다.
- 자녀 스스로 미래의 비전과 인생의 목표를 세운 후 공부하게 한다.
- 자녀가 세운 목표가 부모 마음에 들지 않아도 부모에게 맞추라고 강요하지 않는다.
- 자녀에게 "무엇 때문에 공부하는가?"에 대한 답을 찾고 스스로 의미를 부여하여 목표를 달성할 수 있게 돕는다.
- "공부해서 미래에 하고 싶은 것은 무엇인가?"를 물어 자기가 원하는 공부에 집중하도록 유도한다.

3. 자녀의 성공표현력을 길러주는 대화법

성공한 사람들은 자신이 많이 알지 못해도 자기 생각을 알아듣기 쉽게 표현해 상대방에게 많은 것을 전달한다. 그러나 실패하는 사람은 많이 알아도 제대로 표현하지 못해 자신의 생각과 지식을 제대로 전달하지 못한다. 따라서 좋은 학교 나오고 공부를 잘해도 표현력이 부족하면 성공하기 힘들다.

표현력은 곧 성공지수와 비례하는 것이다. 이 장에서는 자녀의 표현력을 길러 성공지수를 높이는 부모의 대화법을 소개한다.

표현에 자신감을 갖게 해주는 대화법

자식은 어머니와 최초의 대화를 나누고 어머니의 말투를 흉내 내면서 표현력을 배운다. 따라서 부모의 표현력은 자녀의 표현력에 고스란히 전수된다.

나도 아이들을 키우다보면 이러한 사실을 새삼 절감할 때가 많다. 두 아들을 운전석 옆에 앉히고 운전할 때 다른 차가 끼어드는 등 위험한 상황이 발생할 때면, 나도 모르게 거친 말투로 소리를 질러대곤 했다. 나는 그 때 내가 어떤 말을 했는지 전혀 기억하지 못한다.

어느 날, 작은아들 녀석이 갑자기 전에 들어본 적이 없는 거친 말을 천연덕스레 내뱉었다. 나는 어이없는 표정으로 "어디서 그런 말을 배웠니?"라고 물었다. 그러자 아이는 태연하게 "엄마한테서요." 라고 대답하는 것이 아닌가! 아이는 내가 놀라서 벌린 입을 채 다물기도 전에, 마치 엄마에게 그 때의 기억을 상기시킬 의무라도 있는 것처럼 내가 언제 어떤 말을 했는지 중계 방송하듯 자세히 들려주었다. 나는 그 때, 자녀가 부모의 표현법을 얼마나 철저히 학습하는지 실감했다. 그리고 자녀에게 성공표현력을 길러주려면 부모의 표현방법을 올바르게 바꾸어야 한다는 것을 절실히 깨달았다.

그 후 잠시 미국에서 지낼 때, 자녀에게 성공표현력을 길러주기 위한 유태인 어머니들의 피나는 노력을 상세히 알게 되었다. 유태인 어머니들은 임신 기간 내내 의도적으로 자녀의 표현력을 향상시키기 위해 그동안 읽던 잡다한 책 대신에 명문장으로 가득한 고전을 읽는다. 출산 후에도 동화책보다는 고전을 반복해서 읽어주어 아이의 뇌 인지력을 강화시킨다. 그런 다음, 아기가 말을 배우기 시작하면 함께 수수께끼 놀이를 하며 어휘력 확장을 돕는다. 아이가 좀 더 크면 같은 책을 읽고 함께 토론을 벌이며 표현력을 향상시킨다. 이때, 자녀와 나누는 대화의 용어를 정화해 자녀가 부모의 어휘를 통해 배울 수 있도록 해야 한다. 그래서인지 유태인은 표현력이 매우 뛰어나며, 세계적으로 성공한 사람들이 가장 많은 민족으로 손꼽힌다.

우리나라 어머니들도 유태인 어머니들의 방법을 제대로 실천하면 자녀에게 성공표현력을 길러줄 수 있을 것이다. 유태인 어머니들이 자녀의 표현력을 길러주는 세 가지 방법을 소개한다.

첫째, 자녀가 꾸물거리며 답답하게 대답해도 중간에 자르지 않고 아이가 말을 다 마칠 때까지 느긋하게 기다려준다. 자식은 부모로부터 독립하기 전까지 자신의 생존권을 쥐고 있는 부모를 신처럼 여긴다. 따라서 느리게 말할 때 부모가 중간에서 자꾸 참견하게 되면 자녀는 심리적으로 위축되어 표현하는 것을 자꾸만 꺼리게 된다. 그러나 부모가 아이의 말을 마칠 때까지 참고 기다려주면 자기가 하고 싶은 말을 거리낌없이 할 수 있어 표현력을 크게 향상시킬 수 있다.

둘째, 어머니부터 올바른 문장을 사용한다. 아이들은 그 누구보다 어머니로부터 '말이란 무엇인지'를 먼저 배운다. 어머니가 간단 명료하게 단답형으로 말하거나, 너무 빠르게 말하거나, 저급한 용어로 말하면 아이도 그대로 따라한다. 그래서 어머니는 자식에게 '성공 표현법의 모델'을 제시해야 한다. 그러려면 아이들에게만 책읽기를 강요하지 말고 어머니 자신도 독서를 많이 하고 표현법을 발전시켜야 한다.

셋째, 자녀가 관찰한 사물과 사건을 제대로 묘사하고 표현할 수 있도록 정성껏 들어준다. 어린아이들은 기본적으로 엄마를 기쁘게 해주고 싶어한다. 다만 어머니가 그것을 거부하기 때문에 '삐딱'해질 뿐이다. 어머니가 자기 말을 재미있게 들어주면 어떤 아이든지 신이 나서 더 많은 말을 하려고 한다. 전설적인 희극 배우, 찰리 채플린도 어머니가 자신의 말을 들으며 웃는 것을 보고 더 재미있는 이야기를 개발하다가 결국에는 세계적인 희극 배우가 되었다고 한다. 아이가 어머니에게 재미난 말을 들려주면 "그래?", "저런!", "그래서 어떻게 되었어?" 등의 적절한 추임새를 넣어주는 것이 좋다. 그러면 아이는 어머니가 자신의 말을 재미있어 한다고 믿어 더 많은 이야기를 더 재미있게 하려는 마음이 생겨난다.

넷째, 자녀가 생각하는 바를 언제든지 말하게 한다. 생각은 정리되지 않은 서류 더미처럼 이리저리 뭉쳐다닐 때가 많다. 갑자기 질문을 받으면 대답이 잘 안 나오는 것도 그 때문이다. 생각하는 것을 말하게 하면 '생각을 말로 정리해야 한다'는 뇌의 인식이 강화된다. 그리고 상대편이 자기가 표현하는 자기 생각을 제대로 이해하지 못하면 어떻게 해서든 올바로 이해시켜야 한다는 의무감이 생긴다. 그래서 차츰 자기 생각을 남이 잘 알아듣게 말하는 능력이 길러진다.

이런 식으로 잘 익혀둔 표현법은 성공지수가 저절로 자라게 할 것이다.

자녀가 표현에 자신감을 갖게 하려면

- 자녀가 말하며 꾸물거려도 중간에 자르지 말고 말을 다 마칠 때까지 기다려준다.
- 어머니가 올바른 문장을 사용한다. 어머니가 간단 명료하게 단답형으로 말하거나, 너무 빠르게 말하거나, 저급한 용어로 말하면 아이도 그대로 표현한다.
- 아이들에게만 책읽기를 강요하지 말고 어머니 자신도 독서를 많이 하고 표현법을 발전시킨다.
- 자녀가 관찰한 사물과 사건을 제대로 묘사하고 표현하도록 정성껏 들어준다. 어머니가 자기 말을 재미있게 들어주면 어떤 아이든지 신이 나서 더 많은 말을 하게 되어 표현력이 저절로 길러진다.

말실수를 예방해주는 대화법

성공한 사람들의 특징 중 하나는 말실수가 적다는 것이다. 웬만해서는 툭 하고 말을 내뱉는 법이 없다. 먼저 생각해 본 후에 말하기 때문에 좀처럼 말실수를 하지 않는다.

우리는 매스컴을 통해 사회의 저명 인사가 단 한 번의 말실수로 전 국민에게 망신당하거나, 구속되거나, 심지어는 자살하는 모습까지 심심치않게 봐 왔다. 말실수는 호감을 반감시킬 뿐만 아니라 평생 쌓은 업적을 한 순간에 무너뜨릴 만큼 파괴적이다.

사람에게는 먼저 행동하고 나중에 후회하는 동물적 본능이 강하다. 따라서 의도적으로 먼저 생각해보고 말하는 습관을 기르지 않으면 누구나 말실수를 하게 되어 있다. 덤벙대는 아이들이라면 더더욱 생각 없이 불쑥 말실수하기 쉽다. 그리고 말실수를 가볍게 여기는 습관이 만들어지기 쉽다. 그런 아이들은 반드시 말실수 예방 훈련을 시켜주어야만 한다.

몇 가지 적절한 훈련 방법을 소개하겠다.

만약 자녀가 자주 준비물을 빠뜨린다면, 잠자리에 들기 전에 준비물이 적힌 쪽지를 들고 하나씩 연필로 체크하며 챙기는 훈련을 시키는 것이 좋다. 이 때 자녀가 "준비물을 머릿속에 다 외우고 있는데 굳이 그럴 필요 없잖아요."라고 말해도 자녀의 눈을 똑바로 들여다보며 "알고 있어도 오늘부터는 연필이나 볼펜으로 하나하나 체크하면서 챙겨 봐."라고 이야기하자.

그래도 자녀가 끝까지 못하겠다고 우기면 "만약 연필로 체크하지 않고 머리로 챙겼다가 빠뜨린 것이 있으면 한 달간 용돈을 주지 않겠다." 등의 엄한 규칙을 만들고 자녀의 의견을 받아주는 것이 좋다. 그러다가 준비물을 빠뜨리는 일이 생겼을 때는 규칙을 엄격하게 적용해 벌을 주어야 한다. 이 훈련이 효과적인 이유는, 생각이란 추상적이어서 그것을 구체화하는 과정을 겪어야 비로소 기억에 남기 때문이다.

다음에 해볼 수 있는 방법은, 자녀가 덤벙대다가 화분이나 도자기 같은 것을 깨뜨렸을 때 반성문을 쓰게 하는 것이다. 반성문에는 왜 그런 실수를 했는지, 그런 실수를 하지 않으려면 어떤 주의가 필요한지, 그런 실수를 한 결과는 무엇이며 그로 인해 가족들의 기분이 어떨지 등을 구체적으로 적게 한다. 실수한 아이는 반성문을 쓰는 동안 자신도 모르게 머릿속에 화분이나 도자기를 깨뜨릴 때의 실수 상황을 뇌 속에 재입력시킬 것이다. 그렇게 되면 앞으로 같은 상황이 닥칠 때 그 때의 기억이 되살아나 실수를 피할 수 있게 된다.

이 훈련은 특히 실수의 결과를 기억하게 하는 뇌 훈련을 해줌으로써 말실수의 결과를 스스로 예측하게 하여 실수가 잦은 아이뿐만 아니라 누구에게나 적용하면 효과가 크다. 그러므로 이 방법은 실수가 적은 아이에게도 효과적으로 사용하기 바란다.

다음의 훈련은, 자녀의 실수나 부모 마음에 들지 않는 자녀의 행동에 대해 서로 토론을 하는 방법이다.

고1인 서진이와 어머니는 최근 의견 대립이 잦다. 어머니는 그대로 방치하면 모녀 사이가 계속 나빠질 것 같아 조치를 취하기로 했다. 그래서 딸에게 입씨름을 벌이는 대신 서로 진지하게 토론을 해보자고 제안했다. 토론을 시작하자, 딸의 태도가 어머니와 사사건건 입씨름할 때와 많이 달라졌다. 서진이는 언제나 자기 생각이 제대로 표현되지 않아 말을 더듬거나, 말이 빨리 나오지 않아 소리를 지르고 짜증부리는 것으로 표현을 대신하곤 했는데 어머니와 토론을 시작하자 감정을 앞세우지 않고 차분하게 이야기했다. 며칠 전에는 서진이가 친구 집에 놀러 가겠다고 했는데 그 친구 집은 버스로 약 30분 거리에 있었고, 1시간 30분 후부터는 서진이의 학원 수업이 있었다. 어머니는 "친구 집에 가도 고작 20분 정도밖에 머물 수 없는데 그것보다는 집에서 쉬는 게 낫지 않니?" 하고 말렸지만 서진이는 잠깐 친구 얼굴만 보고 곧장 학원으로 가겠다고 고집을 부렸다. 그래서 어머니는 "네 마음대로 하라."고 흔쾌히 승낙했다. 그런데 서진이가 친구 집을 거쳐 학원에 다녀와서는 어머니에게 "정말 괜히 갔어요. 버스가 밀려서 친구 집에 도착하자마자 돌아서야 했거든요."라고 투덜거렸다. 어머니는 그것을 놓치지 않고 딸과 '선택'을 주제로 토론을 벌였다. 서진이는 어미니와의 토론에서 '선택이란 둘 중 하나를 고르는 문제인데 선택해서 실행하기 전까지는 자기 선택이 옳은지 그른지 판단하기 어렵다'는 결론을 얻었다. 그러자 서진이 어머니는 "선택한 후에 후회하지 않는 방법은 없을까?", "선택한 후, 후회하는 이유는 꼭 자신이 선택한 것에 만족을 하지 못해서일까? 또 다른 이유는 없을까?" 등의 질문으로 선택에 대한 서진이의 생각을 좀 더 깊이 있게 정리하도록 유도했다. 서진이는 토론을 통해 "선택을 잘했어도 자신의 욕망 때문에 더 좋은 것을 얻고 싶어서 잘못 선택한 것처럼 느껴질 때가 많은 것 같다."고 스스로 결론을 내렸다.

이러한 토론은 말실수를 줄일 수 있을 뿐만 아니라 사고력의 깊이도 더해줄 수 있는 좋은 훈련 방법이다. 그러나 너무 어린 자녀에게는 부담스러울 수 있기 때문에 자녀의 성격과 수준에 맞는 방법을 선택해 실행하는 것이 현명하다.

먼저 생각하고 나중에 말하는 습관을 갖게 하는 훈련은, 자녀가 말할 때마다 성공지수가 높아지게 하는 매우 중요한 훈련이다.

자녀의 말실수를 줄이는 훈련은

- 잠자리에 들기 전에, 준비물이 적힌 쪽지를 들고 하나씩 연필로 체크하며 챙기는 훈련으로 추상적인 생각을 구체화하게 만든다.
- 잘못을 저질렀을 때는 반성문을 쓰게 한다. 반성문에는 왜 그런 실수를 했는지, 그런 실수를 하지 않으려면 어떤 주의가 필요한지, 그런 실수의 결과는 무엇인지 등을 구체적으로 적게 한다.
- 자녀와 의견이 다른 주제로 토론을 벌이고 자녀 스스로 깨달음을 얻을 수 있도록 유도한다.

말수를 조절해주는 대화법

성공하는 사람들은 언제 말을 많이 하고, 언제 아껴야 하는지를 잘 안다. 실패하는 사람들은 바쁜 사람에게 길게 말하고, 자세히 듣고 싶은 사람에게는 너무 간단하게 말해서 실망시킨다. 따라서 자녀의 성공지수를 높여주려면, 적절한 말수 조절 능력을 길러주어야 한다.

어떤 부모는 자녀가 "오늘 별일 없었니?"라고 물어도 "없었어요."라는 한 마디만 하고는 입을 닫아버린다며 답답해한다. 반면, 어떤 부모는 자녀가 주방까지 쫓아다니며 쉴 새 없이 종알거려 너무 귀찮다고 푸념한다. 이 두 경우, 모두 불평만 할 것이 아니라 자녀의 성공지수를 높이려면 말수를 조절해주어야 한다.

중3 남학생 현창이 어머니는 아들이 공부도 잘하고 교내 활동도 활발한데 유독 어머니 앞에서만 말수를 아낀다고 하소연한다. 어머니는 "부모 모두 말수가 많은 편인데 현창이는 왜 그러는지 알 수 없다."고 말했다. 현창이는 초등학교 때까지는 제법 말을 잘했다. 그런데 중학생이 되면서 단답형의 답변만 하더니 점차 대화가 사라졌다. 현창이 어머니는 "우리 아이는 표현력이 없어요."라고 말했다. 그러나 자세히 보니, 현창이는 사춘기가 되어 일시적으로 말수가 준 것이지 원래부터 말수가 적은 아이는 아니었다.

아이들은 사춘기에 접어들면 타인의 침해를 받지 않는 자기만의 세계를 구축해, 성인의 세계로 진입할 준비를 한다. 부모와도 슬슬 종속적인 관계를 청산하고 성인으로서 라이벌의 관계로 본다. 따라서 현창이처럼 사춘기가 되어 갑자기 말수가 줄어든 경우에는, 말수의 문제가 아니라 부모와의 관계문제로 보아야 한다. 따라서 자녀에 대해 너무 많은 것을 알려고 하거나 과잉 친절을 베풀며 꼬치꼬치 캐묻지 말아야 한다.

요즘 부모들은 자녀와의 대화가 중요하다는 인식이 너무 강해서 가급적 아이들이 좋아하는 음악과 의상, 대화 방식을 좇아가려고 눈물겹게 노력한다. 부모로서는 아이들과 눈높이를 맞추어 진솔한 대화를 나누겠다는 의도에서 노력을 하는 것이다. 그러나 십대들의 생각은 다르다. 부모들의 이런 노력을 '부모님들이 우리들에 대해 뭐든지 다 알아내서 우리를 괴롭히려는 횡포'로 받아들일 수 있다.

가령, 부모가 십대들의 전유물인 랩이나 채팅 용어 등에 대해 너무 아는 척하면 '내가 아는 분야까지 부모님이 탐색해서 나를 억압하려 한다'고 해석해 오히려 말수를 줄어들게 할 수 있다. 따라서 사춘기 자녀가 말수를 줄일 때는 과민 반응하지 말고 내버려두는 것이 좋다.

그러나 원래부터 말수가 적은 아이는 의도적으로 말수를 늘려주어야 한다. 우선 말수가 적은 원인부터 찾아야 한다. 가장 큰 이유는 부모가 자녀 앞에서 너무 말을 많이 하는 경우다. 부모가 일방적으로 자기 말만 하면 약자의 입장에 놓인 자녀는 "내가 말할 필요가 없다."고 단정짓고 말수를 줄인다. 따라서 자녀의 말수를 늘려 주려면 부모가 자신의 말수를 줄이고 자녀와 말을 할 때도 반드시 '5W1H누가who, 언제when, 어디서where, 무엇을what, 어떻게how, 왜why 했는가?'의 육하원칙이 지켜진 문장으로 말해 자녀에게 말할 기회를 많이 주는 것이 좋다. 그리고 자녀의 말수가 적다는 불평을 하면서 "좀 더 확실하게, 자세히 말하라."고 다그치지 말고 자녀 스스로 말할 때까지 충분히 기다려줘야 한다.

반면에 자녀의 말수가 너무 많은 이유는 부모가 자식의 말을 귀담아 듣지 않기 때문인 경우가 많다. 부모가 자기 말을 듣게 하려면 자세히 반복해서 말해야만 한다고 생각하는 것이다.

따라서 자녀의 말수가 지나치게 많을 때는 "이제 그만 좀 해라." 혹은 "너는 너무 수다스러워."라고 말해 모욕감을 주지 말고 "엄마가 몇 분간 들어줄테니 그 시간 안에 모두 설명하라."고 말해 서서히 말을 줄이도록 하는 것이 좋다.

초등학교 6학년 광희는 늘 어머니 뒤를 졸졸 따라다니며 조잘거린다. 광희 어머니는 딸에게 "말 좀 줄여라." 하고 자주 주의를 주곤 한다. 그런데도 광희의 말수는 전혀 줄지 않는다. 광희 어머니는 "저는 여러 사람 모인 데서 말을 지나치게 많이 하는 사람은 싫거든요. 그런데 광희가 그런 사람이 될까 봐 걱정이에요."라고 말한다.

지나치게 말이 많아도 주변 사람들의 환영을 받지 못해 성공하지 못할 가능성이 크다. 말 많은 사람들은 대체로 같은 말을 반복하거나 굳이 설명할 필요가 없는 것까지 너무 자세히 늘어놓는다. 이런 사람들은 경제적으로 말하는 훈련을 시켜야 한다.

훈련의 효과를 거두려면 원인제거부터 해야 한다. 자녀가 말이 너무 많으면 부모가 자녀의 말을 집중해서 듣는지 잘 살펴보라. 자녀가 중요한 말을 할 때, 혹시 부모가 설거지나 청소에만 신경을 쓰거나 전화받는 것에만 신경을 쓴 게 아닐까? 만약 그렇다면 자녀는 자기 말을 제대로 듣지 않는다고 판단해, 오히려 그 필요가 절실해지기 때문에 더 많은 말을 하려고 한다.

자녀의 말수가 너무 많은 원인이 여기에 있다면, 자녀가 중요한 말을 할 때 반드시 하던 일을 멈추고 집중해서 들어주어야 한다. "자, 지금부터 30분 동안 엄마는 네 말에만 집중할게. 그러니까 엄마가 잘 알아들을 수 있도록 명확하게 말해 봐. 지금 하던 설거지는 네 말이 끝나면 할게."라고 말하고 일정 시간 자녀의 말에 집중하라.

만약 어머니가 한창 바쁠 때라면 "지금은 엄마가 네 말을 열심히 들을 수 없으니 네 일부터 해. 조금 있다가 시간을 내서 네 말을 들을게."라고 말하고 따로 이야기할 시간을 정해주는 것도 좋다. 그것이 익숙해지면 자녀의 말을 녹음해서 아이에게 직접 워드로 작성하게 해보자.

그 내용을 함께 보면서 "이 이야기는 줄여도 다 알아들을 수 있잖아.” 하고 말수를 줄여나가도록 하면 훈련 효과는 더욱 높아질 것이다. 말수가 너무 적은 아이는 부모 말을 줄이고 질문도 ‘예’, ‘아니오’를 요구하는 단답형 질문은 피하고 ‘누가?’, ‘언제?’ 등의 설명을 요구하는 ‘5W1H형 질문’으로 해서 자녀가 길게 설명하도록 해야 한다. 훈련 효과를 높히려면 자녀의 설명이 미흡해도 중간에서 가로막지 말고 들어주어야 한다.

그리고 마지막에 “그러니까 ~했단 말이지.”라고 요약해 자녀가 그 요약내용을 인지하고 따라하게 하면 훈련 효과를 더욱 높일 수 있다.

자녀에게 말수 조절 능력을 길러주려면

- 사춘기가 되어서 갑자기 말수가 줄어든 경우에는 자녀에 대해 너무 많은 것을 알려고 하지 말고 과잉 친절도 베풀지 말라.
- 원래부터 말수가 적었다면 먼저 부모의 말수를 줄이고, 자녀에게 말할 때 반드시 육하원칙이 잘 지켜진 질문 방식으로 이야기해서 자녀에게 말할 기회를 더 만들어 준다.
- 자녀가 중요한 말을 할 때는 반드시 하던 일을 멈추고 집중해서 들어주고, 너무 시간이 길어지면 “따로 일정 시간을 배분하고 정해진 시간 동안만 집중해서 듣겠다.”고 말한다.

분명한 발음, 듣기 좋은 속도로 말하는 능력을 길러주는 대화법

성공한 사람은 상대방이 알아듣기 좋은 정확한 발음, 적절한 속도로 말한다. 상대방이 "뭐라고 하셨지요? 다시 한 번 말씀해 주시겠어요?"라고 되묻지 않아도 되므로 사람들을 편안하게 해준다. 그러나 실패하는 사람들은 상대방이 알아듣기 어려운 발음과 속도로 말해 상대방이 "뭐라고요?"라고 되묻게 해 짜증나게 한다.

첨단 기술의 발달과 함께 아이들 말의 속도도 기술 속도만큼이나 빨라졌다. 그래서인지 요즘 아이들의 발음은 상대방이 알아듣기 힘들 정도로 불분명한 경우가 많다. 게다가 인터넷과 문자 메시지의 상용화로 '최대한 생략된 언어 사용 습관'이 생겨 어른들은 그 의미조차 파악하기 힘들다. 그나마 '지름신이 내렸다(쇼핑에만 정신이 팔린다)' '즐(짜증난다)' 같은 말은 언론 매체에서 소개가 많이 되어 그 의미를 아는 사람들도 있겠지만 그 밖의 말들은 외국어보다 더 알아듣기가 힘들다.

그 때문에 자녀와 대화하다가 자신도 모르게 "말 좀 천천히, 또박또박 해!" 하며 화를 내는 경우가 많다. 그러나 그것은 자녀의 지나치게 빠르고 불분명한 발음을 고치기는커녕 부담 때문에 더욱 나빠지게 할 뿐이다

중1인 종민이는 말이 너무 빠르다. 어머니도 아들 말을 알아듣지 못할 때가 많다. 어머니는 아들이 친구들과는 의사소통이 잘 되는지 궁금할 정도다.

많은 사람들이 종민이 어머니처럼 자녀가 너무 빠르고 불분명한 발음으로 말하는 것을 걱정한다. 그러나 걱정만 할 뿐, 이에 대한 근본 대책을 세우지는 못한다. 단지 아이의 영어 발음을 고치는 데만 관심을 기울인다. 하지만 우리 말의 발음이 좋지 않으면 영어 발음도 좋아지지 않는다. 따라서 자녀를 외국어도 잘하고 성공도 하게 하려면 우리 말의 발음과 속도부터 고쳐주는 것이 좋다.

먼저 자녀의 말 속도가 빠른 이유부터 살펴보자. 어쩌면 자녀가 불분명한 발음으로 지나치게 빠르게 말하는 이유가 부모에게 불만을 품어 부모와의 대화를 기피하고 싶어서일 수 있다.

따라서 자녀가 불분명한 발음으로 너무 빠르게 말한다면 담임 교사나 친구 등 아이와 친밀한 사람들을 만나 자녀가 그들에게도 빠르게 말하는지 조사해보는 것이 좋다. 다른 사람들과는 정상적인 속도로 말하는데 부모에게만 유독 빠르고 불분명한 발음으로 말한다면 그 원인은 분명히 '부모에 대한 불만'이다. 또, 부모가 자식에게 너무 강압적으로 말하거나 자식이 싫어하는 말투로 말하기 때문일 수도 있다. 이럴 경우 부모가 원인을 제거해주면 자녀의 말의 속도와 발음은 쉽게 회복된다.

그러나 아이가 밖에 나가서도 발음이 불분명하고 너무 빠르게 말한다면 인터넷 등 현대 문명의 영향 또는 타고난 성격이 이유일 수 있다. 이 때는 자녀가 말이 빠르다는 것 때문에 열등감을 느끼지 않도록 지나치게 나무라지 말고 훈련으로 발음과 말의 속도를 바로 잡아주는 것이 좋다.

먼저 아이에게 책을 하루에 한 페이지씩 크게 소리 내 읽게 한다. 소리를 낼 때는 입을 최대한 크게 벌리는 것이 좋다. 또, 허리는 곧게 세우고 가슴을 활짝 펴 발음을 해야 발성이 좋아진다. 책을 읽기 전, 미리 읽을 내용에 숨쉴 곳을 표시해서 충분히 숨을 쉬게 하면 말의 속도도 적절히 조절할 수 있다. 말의 리듬은 쉼표를 제대로 지킬 때 더욱 살아난다. 호흡을 쉴 때, 충분히 쉬게 하면서 입을 크게 벌려 발음 하나하나를 또박또박 읽는 훈련을 꾸준히 하면 아무리 빠르게 말하는 아이도 곧 정확한 발음과 듣기 쉬운 속도로 말할 수 있게 된다.

이것이 어느 정도 몸에 배면 중요한 말에 강조하여 큰 소리로 읽는 훈련으로 한 단계 업그레이드시키면 된다. 이 훈련은 하루 15분 정도씩 거르지 않고 꾸준히 해야 효과를 거둘 수 있다.

자녀의 발음과 말의 속도 조절 능력을 길러주려면

- 담임 교사나 친구 등, 부모 이외에 자녀와 친밀한 사람들을 만나 자녀가 그들에게도 지나치게 빠르게 말하는지 조사해본다.
- 자녀가 다른 사람들과는 정상적인 속도로 말하는데 유독 부모에게만 너무 빠르고 불분명한 발음으로 말한다면, 부모의 말투를 점검한다. 부모가 아이에게 너무 강압적으로 말하거나 특별히 아이가 싫어하는 말투를 쓰는지 체크해서 조절한다.
- 자녀가 말이 빠르다는 것을 열등감으로 느끼지 않도록 지나치게 나무라지 말고 적절한 훈련을 통해 자녀의 발음과 말의 속도를 조절해준다.
- 아이가 하루에 책을 한 페이지씩, 크게 소리 내 읽게 한다. 이 때, 최대한 입을 크게 벌려 소리를 내야 한다.
- 허리는 곧게 세우고 가슴을 활짝 펴서 발음하도록 한다.
- 읽기 전에 숨쉴 곳을 미리 표시해두고 표시된 곳에서 충분히 숨을 쉬게 한다.
- 중요한 말에 악센트를 넣어 소리 높여 읽는 훈련을 한다.
- 훈련은 하루 15분 정도씩 거르지 않고 꾸준히 한다.

발표의 두려움을 없애주는 대화법

성공한 사람들은 적대적인 청중 앞에서도 마치 두 사람이 마주앉아 말하는 것처럼 편안하게 발표한다. 그래서 그들을 금세 자기편으로 만든다. 조직 사회에서는 지위가 올라갈수록 발표 기회가 늘게 되고, 또 발표 능력으로 그 사람의 능력을 평가받는다. 따라서 자녀의 성공지수를 높이려면 가능한 한 빨리 발표의 두려움을 없애주어야 한다.

대가족의 아이들은 가정에서 많은 사람들 앞에서 자기 의견을 발표하는 연습을 할 수 있지만 핵가족 시대인 지금은 그런 기회가 거의 없는 셈이다. 부모의 성격이 사교적이라면 친척과의 왕래가 잦거나 이웃들과의 모임이 있어 좀 낫지만 맞벌이나 홀어머니, 또는 홀아버지를 둔 가정에서는 자녀가 많은 사람 앞에 설 기회가 더더욱 없다. 물론 자녀 수가 적은 부모는 자녀 한 사람, 한 사람에게 많은 신경을 써주고 표현의 자유를 누리게 해줄 수 있는 장점도 있다. 그러나 발표 기회를 만들어주지 않으면, 그저 수다는 잘 떨지만 대중 앞에서 하는 발표력은 향상시키기 힘든 환경임에는 틀림없다.

글로벌 경쟁 시대가 되면서 비슷비슷한 수준의 인재들이 국경 없이 넘나들다 보니, 발표력은 경쟁력의 핵심이 되었다. 그래서 학교마다 발표수업이 늘고 있고 직장에서도 프레젠테이션 잘하는 사람을 선호한다.

발표력은 어릴수록 기르기가 쉬운데, 상대편에 대해 '저 사람이 나를 어떻게 평가할까?', '저 사람이 내 말을 듣고 오해하지 않을까?', '내가 잘못 말하면 나를 싫어하지 않을까?' 등을 계산하지 않고 용감하게 말할 수 있기 때문이다. 그러나 사람의 뇌는 습관대로 움직이는 속성이 있어 훈련하지 않으면 용기가 생기지 않는다. 따라서 발표도 대소변 가리기, 걸음마, 젓가락 사용법처럼 따로 훈련을 시켜야 발표의 두려움을 사라지게 할 수 있다.

가장 효과적이면서 쉬운 훈련 방법은 자녀에게 하나의 주제를 주고 가족 앞에서 정식으로 발표하게 하는 것이다. 정해진 주제로 학교에서 발표하듯 자리에서 일어나서 정해진 시간 동안 발표하게 하는 것이다. 주제는 자녀 연령에 맞춰 그때그때 일어나는 재미있는 사회 문제를 다루는 것이 좋다.

예를 들면, "수업 시간에 문자 메시지 보내는 것은 옳은가?", "주말은 어떻게 보내는 것이 좋을까?", "컴퓨터 게임을 하고 싶은 이유는 무엇일까?" 등이다. 훈련은 일주일에 두 번 정도씩 거르지 않고 꾸준히 하면 좋다. 차츰 훈련에 익숙해지면 한 단계 나아가 또래 친구끼리 스터디 그룹을 만들어서 부모들이 청중이 되어 발표하게 하면 실력이 월등히 향상된다.

이런 식으로 발표훈련을 시키면 아이들끼리도 서로 친해지고 낯선 사람 앞에서 말하는 것에 익숙해진다. 맞벌이 부부 등 훈련을 시키기 힘든 상황이라면, 종교 단체 등 발표할 기회가 많은 단체에 보내거나 유치원이나 학교에서 발표할 기회를 놓치지 않고 적극적으로 참가하게 하는 것도 좋다. 이 훈련을 더욱 효과적으로 하려면 상벌제도를 이용하는 것이 좋다. 발표에 자신이 붙으면 자녀 스스로 발표기회를 놓치지 않으려는 욕심이 생겨 성공지수를 높이게 될 것이다.

발표의 두려움을 없애주려면

- 하나의 주제를 주고 가족 앞에서 정식으로 발표하게 한다.
- 주제는 가능한 자녀 연령에 맞게 그때그때 일어나는 재미난 사회 문제를 다루는 것이 좋다.
- 훈련은 일주일에 두 번 정도씩 거르지 않고 꾸준히 한다.
- 1단계 훈련을 마치면 또래 친구끼리 집단을 만들어 부모들이 청중이 되고 아이들은 발표하게 하는 2단계로 들어간다.
- 맞벌이 등으로 시간적 여유가 없을 때는 종교 단체 등 여러 사람 앞에서 발표할 기회가 많은 단체에 보내거나, 유치원이나 학교에서 발표할 기회를 놓치지 않고 참가하도록 유도한다.
- 적절한 상을 마련하여 발표에 대한 동기 부여를 충분히 해준다.

효과적인 몸짓 언어를 익히게 해주는 대화법

말이란 타인과 생각을 주고 받는 것인데 생각은 말과 몸짓을 통합해야 제대로 전할 수 있다. 입으로는 "반갑다."고 말하면서 얼굴은 찌푸리거나, 입으로는 "슬프다."고 말하면서 얼굴에는 화사한 미소를 띠거나, 입으로는 "미안하다."고 말하면서도 배를 내밀며 거드름을 피우면 상대방은 말하는 사람의 의도를 반대로 해석하게 된다. 그래서 성공하는 사람들은 이런 오해가 없도록 몸짓언어와 말의 언어를 통일시킨다. 자연 상태에서는 몸은 솔직한 생각을, 말은 포장된 생각을 전하기 때문에 분리되기 쉽다. 따라서 자녀를 성공시키려면 몸짓 언어를 말의 언어와 일치시키는 훈련을 시켜야 한다.

자녀가 서울대에 다니는 경주에 사는 한 어머니는 "우리 애는 공부는 잘하는데, 말할 때 다리를 떨면서 사람을 안 쳐다봐요. 고등학교 때부터 그 습관을 고쳐주고 싶었는데 입시에 쫓겨 그냥 두었더니 지금은 심해져서 여간 신경이 쓰이지 않는군요." 하고 걱정하는 전화를 한 적이 있다. 이상하게도 이런 걱정은 특히 자녀가 명문대에 다니는 학부모들이 많이 한다. 자식을 명문대 보내는 데만 급급하다가 이제 한숨 돌리고 아이를 객관적으로 살펴보니, 남 앞에서 말할 때 허리를 구부정하게 하거나 눈을 흘끔거려 발표력이 좋지 않아 사회 생활이 걱정된다는 것이다.

우리 사회도 이제 명문대 출신이라도 다리를 떨거나 허리가 구부정한 태도로 알아듣기 힘들게 말하는 사람보다, 비명문대 출신일지라도 허리를 곧게 세우고 반듯하게 서서 알아듣기 쉽게 또박또박 말하는 사람을 더 필요로 하기 때문이다.

몸짓 언어의 의미를 무시하면 자칫 "나는 그런 뜻으로 말한 게 아니야.", "네가 아무리 그렇게 말해도 나는 네 속마음을 다 알아." 하며 다투는 일이 많아진다. 따라서 몸짓 언어가 말의 언어를 왜곡시키지 않도록 훈련으로 바로잡아주어야 자녀의 성공지수를 높일 수 있다.

만약 자녀가 상대방 얼굴을 보지 않고 땅이나 발끝, 또는 유리창 너머를 보며 말하는 습관이 있다면 상대편 얼굴에 시선을 보내면서 말하는 습관을 길러주자. 하루 15분씩 어머니의 얼굴을 보며 말하도록 해보면 좋다. 처음에는 어색해하겠지만 가능한 어머니의 목이나 턱을 보며 말하게 한다. 상대방 얼굴을 보며 말하는 습관이 몸에 밸 때까지 반복하면 훈련효과는 더욱 높아진다.

그 후에는 서거나 앉은 자세를 고쳐주자. 만약 자녀가 구부정한 자세로 말하는 습관을 가지고 있다면, 하루 15분씩 가족들 앞에서 어깨를 펴고 허리를 곧게 세운 자세로 말하게 하는 훈련을 시작해보자. 이 훈련으로 어느 정도 자세가 잡히면 다시 다음 단계로 넘어간다. 다음 단계에서는 자연스러운 제스처gesture 사용 훈련을 하는 것이 좋다. 제스처는 자연스럽게 손을 번갈아 사용하고 손이 얼굴을 가리거나 얼굴 근처에서 오가지 않도록 하는 것이 좋다. 얼굴은 몸짓 언어의 신호판과 같아서 손이 얼굴을 가리면 제스처를 사용하지 않는 것보다 좋지 않은 결과를 가져올 수도 있다.

그 밖에도 자녀가 말할 때 다리를 떨거나, 연필 돌리기를 하거나 몸을 많이 움직이는 것도 하나씩 선택해서 차근차근 교정해야 한다. 무엇보다 아이가 부담을 갖지 않도록 부모 자신이 느긋한 마음으로 훈련을 시켜야 큰 효과를 볼 수 있다.

몸짓 언어를 말의 언어와 일치시키게 하려면

- 상대편 얼굴에 시선을 보내면서 말하도록 한다. 자녀가 어머니와 말할 때 매일 15분씩 어머니의 목이나 턱을 보며 말하도록 해서 상대방 얼굴을 보며 말하는 습관이 몸에 배일 때까지 반복한다.
- 구부정한 자세로 말하는 습관을 가지고 있다면, 하루 15분씩 가족들 앞에서 어깨를 펴고 허리를 곧게 세운 자세로 말하게 하는 훈련을 한다.
- 제스처는 자연스럽게 손을 번갈아 사용하고 손이 얼굴을 가리거나 얼굴 근처에서 오가지 않도록 연습한다.
- 말할 때 다리를 떨거나 연필 돌리기를 하며 몸을 많이 움직이면 한 가지씩 차례로 교정해준다.
- 자녀가 부담을 갖지 않도록 부모부터 느긋한 마음을 갖고 훈련에 임한다.

경청을 생활화하게 해주는 대화법

성공하는 사람들은 타인의 의견을 열심히 듣는다. 그래서 정보가 풍부하다. 미국의 성공학자 스티븐 코비는 "성공하는 사람과 실패하는 사람의 대화 습관에는 하나의 뚜렷한 차이가 있다. 바로 경청하는 습관이다."라고 말했다.

성공학자 톰 피터스의 '21세기는 경청하는 리더의 시대'라는 예언처럼 우리의 자녀들이 성인이 되는 시대에는 경청하는 사람이 리더가 될 것이다. 경청이 중요한 이유는, 사람은 누구나 자기가 겪는 일을 말하고 싶어하고 그것을 들어주는 사람을 필요로 하기 때문이다. 그래서 잘 들어주면 고마워하고 편하게 대한다.

초등학교 4학년 예린이는 자기 할 말만 하고 남의 말을 잘 듣지 않는 고집 센 학생이다. 어느 날, 논술 선생님이 "예의라는 것은 무엇일까요?"라고 물었다. 예린이는 막연하게 예의가 중요하다고는 생각해 왔지만 단 한 번도 예의에 대한 설명을 끝까지 제대로 들은 적이 없어 우물쭈물하다가 "예의를 안 지키면 상대방이 싫어하니까 예의를 지켜야 해요."라고 대답했다. 선생님은 다시 "상대방이 싫어하는 게 왜 나에게 중요하지요?"라고 물었다. 예린이는 선생님이 더 캐물을까 봐 "저 수학 학원 가야 해요." 하며 도망치듯 학원을 나왔다.

이처럼 경청하지 않으면 수업 내용도 이해하기 힘들다. 그래서 경청할 줄 모르는 학생은 공부를 열심히 하는 것 같아도 성적을 올리지 못한다.

따라서 경청 훈련을 하면 성적도 올리고 성공지수도 높일 수 있다. 간단하고도 효과적인 훈련 방법 두 가지를 소개한다.

첫째는 부모님이 자녀와 하나의 주제를 가지고 대화를 나누고 자녀에게 대화 내용을 요약하게 하는 것이다. 만약 자녀가 부모님과 대화할 때 대화 내용을 경청했다면 자녀가 요약한 내용과 부모님이 말한 내용이 같을 것이다. 그러나 자녀가 제대로 경청하지 않았다면 요약 내용이 실제 내용과 다를 것이다. 훈련할 때는 대화 내용을 녹음해두고 자녀가 요약한 내용과 비교해 스스로 자기가 내용을 잘못 알아들었다는 사실을 인정하게 하는 것이 좋다. 자녀가 잘못 알아들었어도 꾸짖지 말고 "다음에 좀 더 잘 들으면 상을 주겠다."고 해서 자녀가 훈련에 재미를 느끼도록 하는 것이 중요하다. 처음에는 대화 내용과 요약 내용이 전혀 다르더라도 훈련을 하다 보면 차츰 나아질 것이다.

둘째는 자신이 누군가의 말을 잘못 알아들어 생긴 일들을 기록으로 남기게 하는 것이다. 이 역시 자녀가 부담을 가질 수 있으니 하루에 한 가지씩만 적게 하여 자녀가 훈련을 싫어하지 않도록 조심해야 한다. 훈련에 성공하면 자녀가 잘못 알아들은 내용과 그 이유를 적으면서 스스로 문제점을 인식하게 되어 차츰 남의 말을 경청하는 태도가 길러진다.

경청 훈련은 하루 15분의 투자로 성적도 높이고 성공지수도 높일 수 있는 매우 경제적인 투자다.

자녀가 경청하는 태도를 갖게 하려면

- 자녀와 하나의 주제를 가지고 대화를 나누고 자녀에게 대화 내용을 요약하게 한다.
- 훈련을 할 때, 대화 내용을 녹음해서 자녀가 요약한 내용과 비교하게 한다. 자녀 스스로 경청하지 않으면 상대방의 말을 제대로 이해하지 못한다는 사실을 인정하게 하는 것이 중요하다.
- 자녀가 여전히 경청하는 것에 익숙하지 않아도 야단을 쳐서 훈련을 싫어하게 만들지 말고 "다음에 좀 더 열심히 들으면 상을 주겠다."고 하여 자녀가 훈련에 재미를 느끼게 한다.
- 매일 누군가의 말을 잘못 알아들어 생긴 일들을 한 가지씩 기록으로 남기고 잘못 알아들은 내용과 그 이유를 적게 한다.

4. 자녀를 성공시킨 부모들의 대화법

혼자서는 살 수 없는 것이 인간이다. 홀로 우뚝 선 위인과 성인들도 그들 뒤에는 그들을 그렇게 만든 부모가 있었다. 물론 우리가 부러워할 만한 성공을 거둔 사람들도 그들 뒤에는 그들을 성공시킨 부모의 노력이 숨겨져 있다.

숨겨져 있는 성공한 사람들의 부모, 그들이 어떻게 대화로 자녀를 성공시켰는지 알아보고 응용해보자. 이 장에서는 성공한 사람들의 부모가 사용한 대화법을 소개한다.

바보 아들을 천재로 만든 아인슈타인의 어머니

'천재' 하면 상대성 원리를 발견한 과학자, 아인슈타인을 떠올리는 사람들이 많다. 그러나 그는 네 살이 되도록 말도 제대로 못하는 지진아였다. 그는 열 살이 되어서야 겨우 말을 제대로 했고 학교에서는 수학을 제외한 모든 과목에서 낙제점을 받았다. 담임 교사가 "아인슈타인이 다른 아이들의 공부에 방해가 된다."고 말할 정도였다. 그들은 아인슈타인의 부모가 아들에게 어떤 직업이 맞는지 묻자 "그 애는 어느 분야에서도 성공할 확률이 없다."고 단언했다. 그러자 아인슈타인의 어머니는 주변의 반대에도 불구하고 아인슈타인에게 바이올린을 가르쳤다.

그 결과, 아인슈타인의 놀라운 집중력이 발견됐다. 어머니가 자녀의 숨은 잠재력을 발굴한 것이다. 아인슈타인은 바이올린을 배운 지 7년 만에 모차르트의 작품이 가진 수학적 구조를 깨달았고 그것이 훗날 상대성 이론의 바탕이 되었다. 아인슈타인의 어머니는 아들이 학교 생활에 적응하지 못하고 공부하기도 싫어했지만 "내가 너 때문에 못 살아!", "공부는 안 하고 왜 엉뚱한 짓만 하니? 커서 뭐가 되려고?"와 같은 말은 한 적이 없다.

오히려 "너는 세상의 다른 아이들에게는 없는 훌륭한 장점이 있단다. 이 세상에는 너만이 감당할 수 있는 일이 너를 기다리고 있어. 너는 그 길을 찾아가야 해. 너는 틀림없이 훌륭한 사람이 될 거야."

라는 말로 아들의 기를 살려주었다. 어머니의 그 말이 낙제생 아인슈타인을 세기의 천재로 탈바꿈시켰다.

불량 소년을 신의 손으로 만든 벤 카슨의 어머니

머리와 몸이 붙은 채 태어난 샴쌍둥이의 분리 수술에 성공했다는 소식은 세계적으로 큰 화제가 되었다. 샴쌍둥이 분리 수술에 세계 최초로 성공한 미국의 흑인 의사 벤 카슨, 그는 현재 미국 존스홉킨스대학병원에 근무하는 '신의 손'이란 별명을 가진 소아신경외과 의사이다.

그 역시 어린 시절에는 빈민가의 불량배에 불과했다. 그는 자동차의 도시, 디트로이트 빈민가에서 태어났으며 여덟 살 되던 해에 부모가 이혼해 어머니와 단둘이 살았다. 당시의 미국은 인종차별이 심해 그는 학교에서 백인 친구들에게 심한 따돌림을 당했다. 게다가 그는 초등학교 5학년에 되도록 구구단을 외우지 못했고 산수는 빵점을 맞기 일쑤라 친구들의 놀림감이 되곤 했다.

그런 그를 '신의 손'이라 불리는 세계적인 의사로 만든 것은 무엇일까? 그를 이끈 것은 바로 어머니가 해준 한 마디 말이었다. 그는 한 신문 인터뷰에서 "어머니는 내가 늘 꼴찌나 하고 흑인이라고 따돌림이나 당하며 바보 같은 짓만 하는데도 '벤, 넌 마음만 먹으면 무엇이든 할 수 있어! 노력만 하면 할 수 있어!' 라는 말을 끊임없이 들려주며 내게 격려와 용기를 주었습니다." 라고 회상했다.

벤 카슨은 어머니가 틈만 나면 "너는 노력만 하면 무엇이든 할 수 있다."고 되풀이해서 들려주자 차츰 "정말일까? 나도 노력만 하면 무엇이든 할 수 있을까?" 싶어 중학 시절부터 공부를 시작했다. 그랬더니 거짓말처럼 성적이 올랐고 성적 오르는 것이 신기해서 더 열심히 공부했더니 결국 우등생이 되었다.

그는 사우스웨스턴 고등학교를 3등으로 졸업하고 명문 미시간대학 의대에 합격해 의사가 되었다. 의사가 된 후에는 숱한 의사들이 수술을 포기했을 정도로 고치기 힘든 악성 뇌종양 환자와 만성 뇌염으로 하루 120번씩 발작을 일으키던 어린이를 완치시켜 세계적인 명의로 인정받게 되었다. 1987년에는 세계 최초로 머리와 몸이 붙은 채 태어난 샴쌍둥이를 분리하는 데 성공해 '신의 손' 이라는 별명도 얻었다.

이처럼 어머니의 "넌 할 수 있어. 무엇이든지 노력만 하면 할 수 있어."라는 말은 불량배 소년을 세계적인 명의로 바꿀 정도로 놀라운 힘을 갖는다.

공부 싫어하는 아들을 세계적인 거부로 만든 빌 게이츠의 어머니

컴퓨터 황제, 세계적인 거부, 움직이는 뉴스 메이커, 빌 게이츠. 그 역시 공부에 썩 관심이 많던 아이는 아니었다. 싫증 잘 내고 무슨 일이든지 꾸준히 하지도 못했다. 부모가 아무리 야단을 치고 잔소리를 해도 그는 별로 달라지지 않았다. 그의 어머니는 그런 아들을 잘 키워 보려고 심리학자에게 1년간 도움을 요청하기까지 했다. 그 심리학자는 "이 아이에게는 무엇을 강요하거나 타이르려고 하지 마세요. 상태가 더 나빠집니다. 대신, 하고 싶은 것을 마음껏 하게 하세요. 때려도 소용 없습니다."라고 말했다.

빌 게이츠의 어머니는 의사의 말대로 일체 잔소리를 삼갔다. 그러자 아들의 반항적인 태도가 달라졌다. 스스로 결정하고 자기 일에 자부심도 가졌다. 교사였던 빌 게이츠 어머니는 잔소리를 줄이는 한편 아들이 다니는 초등학교에 미국 최초로 컴퓨터를 기증하며 컴퓨터에 관심을 갖도록 했다. 그러자 그는 컴퓨터광이 되어 열세 살에 프로그래밍을 시작했고 스무 살에 대학을 중퇴하고 마이크로소프트사를 세웠다. 어머니가 아들의 특성에 맞추어 잔소리를 줄이고 자녀가 좋아할 만한 컴퓨터와 친숙하게 해주자, 그는 놀라운 컴퓨터 신화를 창조해낸 것이다.

만약 빌 게이츠의 어머니가 변덕만 부리고, 말도 안 듣고, 공부도 열심히 하지 않는 아들에게 "내가 못살아. 저 애가 도대체 커서 뭐가 되려고 저러지?"라는 한탄만 하며 갈등해왔다면 지금의 빌 게이츠는 분명코 없었을 것이다.

온순하고 소극적인 아들을 인종차별 철폐의 리더로 만든 루터 킹의 어머니

온순하고 소극적인 아들, 마틴 루터 킹을 흑인 인권 운동의 지도자로 성장시켜 35세에 최연소 노벨평화상을 수상하게 한 것은 그의 어머니였다. 킹이 어린 시절, 미국은 흑인 차별의 극에 달해 있었다. 그러나 그는 목사의 아들로 태어나 비교적 차별받지 않고 편안하게 대학까지 졸업했다. 그래서인지 온순하고 소극적이었다.

그의 어머니는 그런 아들에게 흑인 노예의 역사, 남북전쟁, 링컨 등에 대해 알려주면서 인종차별 문제를 주지시켰고, 그 영향으로 흑인 사회의 리더가 되었다. 그의 어머니는 아들에게 항상 "네 자신이 누구에게도 뒤진다는 생각을 하지 마라. 너는 언제나 특별한 사람이라는 것을 스스로 명심해라."라는 말을 들려주었다. 어머니의 그 말은 소극적이고 온순한 아이에게 불의에 맞서 싸울 수 있는 힘과 용기를 불어넣어주었다.

그 후, 그는 '흑백분리법'의 일환으로 버스 안에 백인과 흑인 좌석이 구별되어 있었던 앨라배마 주 몽고메리 시에서 '버스 승차 거부 운동'을 주도하고 맹렬히 활동했다. 그는 이 운동을 11개월 동안 벌여 결국 흑백분리법의 철폐를 이끌어냈다. 킹은 간디의 비폭력 무저항주의를 이어받아 "우리가 폭력을 써서는 안 됩니다. 원수를 사랑하고, 백인들이 우리에게 어떤 고난과 차별을 해도 우리는 그들을 사랑해야 합니다. 그들의 죄를 용서해줍시다."라고 호소하며 민권운동의 상징적 인물로 부각되었고 노벨평화상도 받았다.

그는 흑인인권운동을 하며 30여 차례나 체포되어 많은 고문을 받았다. 그럼에도 끝까지 저항하는 흑인들의 권익을 보호해 미국의 도시에는 모두 '마틴 루터 킹 스트리트'가 있을 만큼 존경받는 인물이 되었다.

소심한 외톨이를 세계적인 영화 감독으로 키운 스티븐 스필버그의 어머니

스티븐 스필버그는 러시아에서 건너온 유태계 이민 3세이다. 그가 고등학교 다닐 때는 미국에서 유태인도 흑인 못지 않게 차별을 받았다. 세계적인 부와 명성을 거머쥔 명감독, 스티븐 스필버그도 어린 시절에는 그저 볼품없는 말라깽이에다 친구들에게 따돌림당하던 약골 소년에 불과했다. 게다가 이성적인 성격인 엔지니어 아버지와 감성이 풍부한 음악가 어머니 사이의 끝없는 불화 속에서 자라야만 했다. 그가 16세되던 해에는 급기야 부모의 이혼까지 경험했다.

그런 그가 1천 2백만 달러를 호가하는 대저택에 극장을 설치해놓고 사는 세계적인 영화 감독으로 성공한 것은 모두 그의 어머니 덕분이다. 가정적인 불행과 인종 차별을 겪고 공부에는 취미가 없었던 문제아 스필버그를 성공시킨 어머니는 아들이 영화를 만드느라 아무리 심하게 방을 어질러놓아도 야단치지 않았다. 그리고 아들이 만들고 싶은 영화에 배우로 출연도 해주었다. 그는 어려서 어머니가 얼마나 맛있는 음식을 해줬는지, 좋은 옷을 입혀줬는지에 대한 기억보다 "어머니 덕분에 글을 쓰게 됐다.", "어머니는 내게 음악을 알게 해주었다." 등 어머니로부터 무엇을 배웠는지에 대한 기억이 더 많았다.

스필버그는 어머니의 74세 생신 때 비벌리힐스의 한 백화점을 통째로 빌려 오로지 그의 어머니 혼자 쇼핑을 하게 해드렸다. 비록 어머니는 청바지와 셔츠 하나만을 샀지만 그는 어머니께 그토록 효도를 하고 싶었던 것이다.

스필버그의 어머니는 이혼 후, 식당 일을 하며 혼자 아이들을 길렀지만 항상 유머를 잃지 않아 아들에게도 그 탁월한 유머와 센스가 고스란히 전수되었다. 그래서 할리우드의 많은 영화 관계자들은 "스필버그가 있는 영화 촬영장은 항상 분위기가 좋고 유머러스해서 자연스레 좋은 영화가 나올 수밖에 없다."고 말한다.

혼혈의 차별을 딛고 미국 최고의 풋볼 선수로 기른 하인즈 워드의 어머니

2006년 봄, '한국의 어머니상'을 미국인들에게 강하게 심어준 한국계 미국인 풋볼 선수, 하인즈 워드의 어머니 김영희. 그녀는 우리나라 역사가 만들어낸 상처의 희생자이기도 하다. 그녀는 국내에 주둔했던 한 미국 흑인 병사와 결혼하여 하인즈 워드를 낳았다. 그러나 한국에서 혼혈 아들을 잘 키울 자신이 없었다. 그래서, 온 가족이 미국으로 건너갔지만 불과 두 달 만에 이혼하고 아들도 빼앗기고 말았다. 그 후, 우여곡절 끝에 아들을 되찾았으나 미국에서도 외국인 여자 혼자 아들을 잘 기르기는 너무나 어려웠다. 그런데도 그녀는 아들의 성공을 위해 이국 땅에서 식당 접시닦이, 호텔 청소원, 잡화점 점원 등 하루에 세 군데의 직장에 다니며 아들을 뒷바라지했다. 그 덕에 하인즈 워드는 미국에서 가장 인기 있는 풋볼선수 중 최고의 영예인 'MVP'까지 거머쥐었다.

워드의 어머니가 혼혈 아들을 낳았을 당시, 한국 국민들의 인종차별은 극에 달해 있었다. 또한 미국 내 한인들의 인종차별도 나은 상황은 아니었다. 하인즈 워드는 야구를 잘 하던 고교시절, 한인 선수팀에 합류해 학교대항 야구친선경기에 참가한 적이 있다. 그런데 경기를 마친 후 행사주최자는 한국 아이들만 데리고 따로 밥을 먹으러 갔다. 어린 워드는 심한 상처를 받았고, 그런 사회적인 분위기 때문에 워드는 어머니가 학교를 방문하면 친구들이 놀릴까 봐 모르는 척 하기도 했다. 어머니는 그런 아들의 태도가 몹시 섭섭했지만 내색하지 않고 혼자 눈물만 흘렸다. 하인즈 워드는 지금도 그 때 자신이 한 행동을 부끄러워한다. 이렇듯 소리높여 야단을 치는 것보다 아이들 스스로 뉘우치게 할 때 더 바른 길을 찾을 수 있다.

워드의 어머니는 이런 분위기 속에서 아들이 정체성의 혼란을 겪지 않도록 "너의 조국은 한국"이라고 분명한 태도로 가르쳤다. 그래서 하인즈 워드는 오른팔에 '하인즈 워드'라는 한글 이름을 새기고 다니며 미국 최고의 풋볼 선수가 되었다. 그 후, 워드는 한국을 방문해 혼혈아를 위한 자선단체를 만들고 한국에서 차별받는 혼혈인들의 희망이 되어 주었다.

숙명여자대학교 아동복지학과 이소희 교수는 한 언론의 인터뷰에서 이렇게 말했다. "하인즈 워드의 성공은 누군가 나를 사랑하고 있고, 누군가 나를 믿어주면 사람들은 힘을 내는 존재라는 것을 보여주는 매우 중요한 사례이다."

평발과 단신의 아들을 세계적인 축구 선수로 기른 박지성의 아버지

맨체스터 유나이티드의 박지성 선수는 세계적인 축구 선수로 성장했다. 축구 선수에게 불리한 평발에 단신인 그를 국내 최초의 프리미어리거로 만든 것은 바로 그의 아버지의 한 마디 말이었다.

그는 외아들인 지성이 초등학교 때, "운동장에 쓰러져도 좋으니 축구만 시켜달라."고 애원해도 허락하지 않았다. 그러다가 박지성의 간절한 눈빛을 보고 결국 허락하게 된 것이다. 박지성의 아버지는 그 후, 아들이 조금만 흔들려도 "나와 네 엄마는 네가 운동장에서 쓰러져도 좋으니 축구만 하게 해달라고 말하던 그 때의 눈빛을 아직 잊지 않고 있다."고 말해 초심으로 돌아가게 했다.

네덜란드 신문은 박지성이 네덜란드 에인트호번 팀에서 활약할 때 〈지성이를 지켜주는 파파 박Papa Park〉이라는 제목의 네덜란드 어버이날 특집 기사를 쓰기도 했다. 이 신문은 박지성의 아버지가 아들을 후원하기 위해 만사 제쳐놓고 네덜란드에 머물고 있으며, 경기와 훈련 때면 어김없이 아들의 뒤에서 힘이 되어주고 있다고 소개했다.

박지성의 아버지는 아들이 흔들릴 때마다 초심을 잃지 않게 하는 말로 끊임없이 아들의 용기를 북돋워주었다. 박지성이 수원공고 선수로 활약하던 때의 일이다. 감독은 키도 작고 몸도 여린 박지성을 충분히 쉬고 많이 먹게 하려고 집에 자주 보냈는데, 그 때마다 그의 아버지가 달려와 "우리 아이가 축구를 그만두게 할 셈이냐?"고 물었다. 아버지의 보이지 않는 격려가 박지성을 세계적인 선수 대열에 합류시킨 셈이다.

성공한 사람의 가슴 속에는

부모님의 말 한 마디가 담겨 있다

성공한 사람들이라고 해서 모두 강하거나 너그러운 성격을 가진 것은 아니다.
제각기 타고난 성격을 살리되 그 성격으로 인해 생긴 잘못된 습관을 바로잡아 성공했다.
성격은 후천적으로 고치기 어려운 것이다. 문제는 부모와 자식 간에 성격이 다를 때이다.
부모는 좀처럼 이 사실을 인정하려고 하지 않아 아이에게 오히려 좋지 않은 영향을 준다.
가령, 어머니의 성격은 꼼꼼한데 자식은 덜렁대는 편이라면 어머니는 그 아이의 추진력과
창의력은 보지 못하고 덜렁대는 성격만 눈에 거슬려 아이를 억압할 수 있다. 또 자식이 둘
이상 있을 때 그 중 한 명은 어머니의 성격을 쏙 빼닮고 또 다른 아이는 정반대일 경우,
어머니는 자기도 모르게 성격이 다른 자녀에게 소외감을 주어 성공지수를 낮출 수 있다.
따라서 자녀의 성공지수를 높이려면 자식을 부모의 성격에 맞추지 말고 부모가 자식의 성격
에 맞추어야 한다. 그리고 그 동안 부모의 성격에 맞추려다 엇나간 관계를 대화로 개선해야
한다. 온순하고 내성적인 아이, 자기중심적인 아이, 집중력이 부족하고 산만한 아이,
공격적이고 급한 아이로 나누어 각각의 성격에 맞춰 자녀의 성공지수를 높여주는 대화법을
알아본다.

2부

타고난 성격에 맞춰 성공지수를 높여주는 대화법

1. 온순하고 내성적인 아이

부모들은 대체로 공격적이고 적극적인 성격의 자녀보다 내성적이고 온순한 성격의 자녀를 선호한다. 적극적이고 공격적인 자녀는 다루기가 힘들고, 내성적이고 온순한 자녀는 부모 말에 고분고분해 다루기가 쉽다고 믿기 때문이다. 그러나 내성적인 자녀도 부모가 상처줄 말을 하면 화, 분노 같은 감정이 생긴다. 다만 표현하지 않고 내면에 쌓아두다가 한꺼번에 분출할 뿐이다.

화나 분노 같은 부정적인 감정은 가슴에 쌓아둘수록 더 강렬해지며 각 요소가 서로 결합하면 어마어마한 파괴력을 갖는다. 그래서 무서운 범죄자는 대부분 평소에는 온순하고 내성적이다. 따라서 온순하고 내성적인 자녀가 다루기 쉽다고 간과해서는 안 된다. 오히려 내면에 화가 쌓이지 않도록 조심해야 한다.

온순하고 내성적인 자녀는 화나 분노를 내면에 저장하지 않고 그때그때 풀어내야만 성공지수를 높일 수 있다. 지금부터 그렇게 할 수 있는 대화법을 소개한다.

부모 말에 무조건 순종하는 아이

여러 명의 자녀 중에 유독 한 자녀가 부모 말에 순종적이라면, 부모는 두 가지 방법으로 이 자녀에게 상처줄 수 있다.

첫째는 '이 애는 원래 불평이 없으니 신경 쓸 것 없다' 고 단정하고 부모를 조르고 귀찮게 하는 다른 자녀에게만 신경을 쓰는 것이다. 부모의 이런 태도는 순종적인 자녀의 고민과 욕구를 알려고조차 하지 않는 무관심으로 비쳐져 아이의 내면에 분노가 더욱 많이 쌓이게 한다.

또 다른 문제는 자녀가 순종적인 것이 안쓰러워 과보호하게 되는 것이다. 이 주제는 앞서 충분히 이야기했으므로 여기서는 순종적인 자녀의 내면에 쌓이는 분노에 대해서 더 알아보기로 하자.

초등학교 6학년인 계정이 어머니는 계정이가 말 잘 듣고 순종적인 아이라는 것을 자랑으로 여겨왔다. 그런데 계정이는 초등학교 졸업식을 앞둔 어느 날, 아버지의 가벼운 꾸지람을 들은 후 가출을 하고 말았다. 온 집안이 발칵 뒤집어진 것은 물론이고 계정이 어머니는 딸에 대한 배신감 때문에 앓아 눕고 말았다.

사람은 여러 가지 방법으로 자기 감정을 표현하고 다스리며 살아간다. 화가 나면 소리를 지르거나 물건을 집어던지고 마음에도 없는 말로 상대편에게 상처를 입히며 분노를 다스리기도 한다. 또 어떤 때는 상대방의 말을 아예 무시하며 무언의 시위를 하기도 한다. 그런데 어떤 방법으로도 분노를 해소하지 못하는 순종적인 자녀는 '나는 부모에게 반항조차 할 수 없다'고 생각할 정도로 부모의 강한 억압을 느낄 수 있다.

자녀가 느끼는 부모의 억압은 자녀에게 심한 꾸지람이나 하기 싫은 일을 강요하는 것만이 아니다. 자신의 능력으로는 도저히 도달할 수 없는 목표를 세워두고 "너라면 할 수 있어."라고 부추기거나 "너는 착한 아이니까 형과 동생에게 양보할 수 있지?" 하며 강요하는 것도 포함된다. 따라서 아이가 부모에게 항상 착하고 순종적이더라도 공격적이고 이기적인 다른 자녀와 똑같이 화가 난다는 것을 잊지 말아야 한다.

부모 말에 순종적인 자녀도 부모가 자신을 다른 형제와 차별하면 화가 난다. 다만 용기가 부족해 표현하지 않고 내면에 쌓아둘 뿐이다. 그것이 쌓여 커지면 어떤 사고를 칠 지 모른다. 따라서 온순한 자녀일수록 분노가 저절로 터져나오기 전에 자연스레 해소되도록 해주어야 한다. 그러려면 물건을 사달라고 조르는 아이부터 사주지 말고 조르지 못하는 순종적인 아이에게도 "너는 필요한 것 없니?"라고 물어 그 아이가 자기 욕구를 솔직하게 표현하도록 유도하는 것이 좋다. 만약 아이가 자기 생각을 말하기가 두려워 "괜찮아요."라고 대답하면 "그렇게 말하면 정말로 동생부터 사준다. 필요하면 네 것부터 사달라고 말해. 그러면 사줄게."라는 식으로 아이가 자기 생각을 솔직히 털어놓도록 유도해야 한다. 이 때, 자녀가 조리 없이 횡설수설 말해도 끝까지 평가하지 않고 들어줘야 말하기를 주저하는 마음이 사라진다.

순종적인 자녀는 대부분 마음이 약하기 때문에 자기가 말하는 동안 부모가 중간에 말을 끊고 "그렇게 말하지 말고, 이렇게 해!"라고 지시하면 또 다른 억압을 느껴 더 이상 자기 생각을 밝히지 못한다. 그래서 말보다 표정이나 태도로 내면을 드러낸다. 그러므로 부모가 자녀의 태도와 표정을 꼼꼼하게 살펴 변화를 파악하고 "오늘 무슨 좋은 일 있어?" 혹은 "걱정거리가 있니?"라고 물어 자기에게 관심을 가지고 있다는 메시지를 전해야 분노가 쌓이지 않는다.

부모 자신이 아이가 자신의 이야기를 많이 할 수 있게 '5W1H 원칙'에 맞춰 질문하고 대답하도록 유도해 자녀의 말을 많이 들어주고 내면에 분노를 지장하지 않도록 하는 것도 중요하다.

부모 말에 무조건 순종하는 아이의 성공지수를 높이려면

- 물건을 사달라고 조르는 아이부터 사주지 말고 조르지 못하는 순종적인 아이에게도 "너는 뭐 필요한 것 없니?"라고 물어본다.
- 이 때, 아이가 조리 없이 횡설수설 말해도 평가하지 않고 끝까지 들어준다.
- 부모가 중간에 말을 끊고 "그렇게 말하지 말고 이렇게 해!"라고 지시하지 않는다.
- 자녀의 태도와 표정을 꼼꼼하게 살펴 "오늘 무슨 좋은 일 있어?" 혹은 "걱정거리가 있니?"라고 묻는다.
- 부모 자신의 이야기보다 아이가 이야기를 많이 하도록 '5W1H'의 요소를 갖춰 대화한다.

집에서는 활발한데 밖에서는 소극적인 아이

성공한 사람들은 밖에서 더 활발하다. 사람이 많을수록 신바람이 난다. 그래서 많은 부모들이 자식의 기를 살리기 위해 애쓴다. 그런데 집에서는 활발한 아이가 밖에 나가면 갑자기 기가 죽어 부모의 속을 썩이는 경우가 많다. 집에서는 활발하던 아이가 유치원, 학교 등 다른 집단에 들어가면 갑자기 바뀌는 이유는 무엇일까?

6살 희목이의 어머니는 며칠 전 유치원 선생님에게 "아이가 매우 내성적이더군요."라는 말을 듣고 충격을 받았다. 희목이는 유치원 입학 전까지 누구보다 활발하고 동네 어른들과도 이야기를 잘해 어머니는 자기 딸이 누구보다 붙임성 있는 아이라고 생각해왔다. 그런데 유치원 선생님은 "희목이가 자신감이 없는 것 같다."고 말하는 것이 아닌가? 희목이는 유치원 입학 전까지만 해도 궁금한 것이 있으면 낯을 가리지 않고 어른들을 찾아 질문을 하는 적극적인 아이였다. 그러나 희목이가 유치원에 가서는 친구도 사귀지 않고, 구석에서 혼자 책만 보며 친구들이 말을 걸어도 통 같이 놀 생각조차 안 한다는 것이다.

희목이처럼 집에서는 활발한데 밖에서는 소심한 자녀의 성공지수를 높이려면 그 원인을 찾아 제거해주어야 한다.

대개의 원인은 첫째, 핵가족제도가 정착되면서 아이가 가족 이외의 사람을 만나는 경험이 부족하기 때문이다. 가족 이외의 사람을 만날 기회가 적으면 익숙한 사람과는 잘 어울리지만 낯선 사람을 대하는 데는 미숙하다. 그래서 낯선 사람과 어울리는 것이 어렵게 느껴진다.

둘째, 아이의 말이 알아듣기 힘들어도 가족들이 알아서 커뮤니케이션을 하는 경우다. 자녀가 혀 짧은 소리를 하거나 발음이 불분명해도 이미 익숙해진 가족들은 아이의 말을 잘 알아들을 수 있다. 그러나 친구들은 그렇지 못하다. 어린아이들은 정직해서 "뭐라고? 다시 말해 봐. 네 말은 못 알아듣겠어!"라며 노골적으로 불만을 털어놓을 수 있다. 이런 경우, 아이는 집에서 한 번도 그런 일을 경험하지 않았기 때문에 모멸감을 느낄 수 있다.

셋째, 집에서 양보나 자신의 영역을 침해당한 경험이 없는 경우다. 아이에게 그런 경험이 없으면 타인에게 양보하고 침해당하는 것이 싫어 아예 친구들을 기피하게 된다.

또 하나는, 아이가 원래는 내성적인 성격으로 가족들이 기를 살려주어 가족에게만 의사 표현을 잘하는 경우다. 이처럼 자녀가 밖에 나가 기가 죽는 원인이 많기 때문에 자녀가 유치원, 학교 등의 집단생활을 시작하기 전에 이런 문제가 없는지 사전에 살피는 것이 좋다. 그리고 자녀의 친구들을 자주 집으로 불러 함께 놀게 해 타인을 포용하는 훈련을 시켜두는 것이 좋다.

또, 방학 때 친척집에 보내 한동안 지내게 하거나 이웃과 모임을 만들고 가족 동반 모임을 가져 아이가 항상 새로운 사람을 접하게 해주어도 같은 효과를 볼 수 있다. 말하기에 자신이 없어도 친구들에게 다가가기 힘들어하기 때문에, 자녀의 발음이 불분명하거나 정확한 단어를 사용하지 않을 때는 책을 읽을 때 입을 크게 벌려 읽는 연습을 시켜 발음을 교정하는 것이 좋다.

자녀가 말하기에 자신감을 갖게 하면 밖에서도 자신감을 가져 성공지수는 저절로 높아진다.

자녀가 어디서나 활발하게 지내게 하려면

- 가족 이외의 사람을 만날 기회를 많이 만들어준다.
- 가족들도 자녀가 알아듣기 힘들게 말하면 고쳐서 말하게 한다. 혀 짧은 소리를 하거나, 발음이 불분명하면 교정해준다.
- 내성적인 아이의 경우, 친구들을 자주 집으로 불러 함께 놀게 한다.
- 방학 때 친척집에 보내 한동안 그 곳에서 지내게 한다.
- 가족 동반 모임을 자주 가져 아이가 항상 새로운 사람을 접하게 해준다.

핑계가 많은 아이

내성적인 아이들은 대체로 소심하고 소극적이어서 변화보다 안정을 원한다. 조금만 어렵고 힘들면 자기 자신조차 자기가 뭘 좋아하는지, 하고 싶은 것이 무엇인지 혼란스러워진다. 게다가 부모가 외향적이라면 이런 자녀가 마음에 들지 않아 자기도 모르게 구박할 수 있다. 그렇게 되면 자녀는 자꾸만 핑계를 대며 책임을 회피하려고 할 것이다. 그리고 그것이 패턴화되면 조금만 힘들어도 핑계를 내세워 포기하면서 성공지수를 낮추게 된다.

중1 남학생 준모 어머니는 "준모가 도대체 왜 사는지 모르겠다."며 한숨이다. 준모에게는 딱히 장래 희망이 없다. 공부를 전혀 안 하는 것도 아닌데 성적이 바닥이다. 부모가 공부 대신 특기라도 찾아주려고 "좋아하는 일이 있냐?"고 물어도 그저 "없다."고 한다. 또 "하고 싶은 게 뭐냐?"고 물어도 계속 "없다."고만 한다. 어머니가 참다 못해 "너는 무슨 애가 그 모양이니?" 하고 잔소리를 했더니 "공부를 열심히 하려고 하는데 성적이 안 올라요. 저는 원래 머리가 나쁜 아이 같아요."라며 눈물까지 뚝뚝 흘린다. 어머니는 내심 아이가 벌써부터 공부를 포기해버린 것은 아닐까 싶어 초조해졌다. 그러면서 위로를 한다고 한 것이 "네 머리가 안 좋다니 무슨 소리야? 네가 노력을 덜 한 거겠지!" 하며 윽박지르는 것이 되고 말았다. 아이는 그런 일이 되풀이되자 어머니가 볼 때는 공부하는 척하고 어머니가 안 보이면 만화책을 보거나 컴퓨터 게임에 매달리며 대강 시간이나 때우는 눈치여서 부모 속은 점점 타들어가고 있다.

준모처럼 자기 자신이 꼭 원해서가 아니라 부모가 원해서 공부한다고 생각하면 매사에 자기 확신이 없어 공부건 게임이건 과외활동이건 어떤 일에도 열심히 할 수 없게 된다. 그렇게 해서 결과가 나쁘면, 이런저런 핑계로 위기를 모면하려고 한다.

만일 어머니가 "핑계 대지 마." 하며 자녀의 약점을 지적하면 아이는 수치감에 휩싸여 부모를 피하고 싶어한다. 어머니로서는 자식의 핑계가 너무 뻔해 야단치지 않을 수 없게 되고, 이런 일이 반복되면 부모 자식 간의 불신이 깊어져 대화가 완전히 단절될 수 있다.

자기 할 일은 하지 않고 핑계만 대는 자녀의 핑계 습관을 고쳐주려면 자녀가 게으름을 피우며 속을 태워도 "도대체 뭐 하는 짓이야?", "너는 도대체 무슨 생각으로 사니?" 등 자극적인 말은 삼가는 것이 좋다. 핑계가 많은 아이들은 대체로 내성적이고 마음이 여리기 때문에, 부모가 자신의 좋지 않은 면만 보고 그게 전부인 것처럼 말해버리면 자신도 그것이 자기의 전부인 것처럼 믿어 더욱 정교한 핑계를 만들 뿐 핑계대는 습관을 버리지는 못한다.

마음이 여린 아이들은 자책감에 빠지면 부모에게 드러내놓고 화내지 못하고, 별것 아닌 일로 친구나 형제들에게 시비를 걸고 선생님에게 대들거나 버릇없이 굴어 부모를 난처하게 만드는 것으로 화를 다스린다. 내성적인 자녀가 부모의 기대만큼 공부를 열심히 하지 않거나 맡은 일을 제대로 하지 않고 요리조리 핑계만 댄다면 화내는 대신 "네가 열심히만 하면 결과는 그렇게 중요하지 않다."고 격려해 주자. 결과보다 과정이 중요하다고 알아듣기 쉽게 말하는 것이 화내는 것보다 백 배 낫다.

그러려면 자녀의 태도를 긍정적으로 봐주어야 한다. 부모도 사람이기 때문에 자녀의 약점이 싫을 수 밖에 없다. 그렇다고 해서 화를 내면 부모의 뇌가 자녀의 약점에 초점을 맞추어 장점은 안 보이고 단점만 보이게 된다. 그러나 단점보다 장점을 보려고 노력하면 뇌가 장점에 집중해 자녀가 한 일의 결과가 좋지 않아도 "그래도 열심히 했으니 됐어."라고 용기를 줄 수 있게 된다. 자녀의 성공지수를 높이려면 "너 공부 참 열심히 했는데 속상하겠구나." 등의 적절한 말로 자녀의 여린 마음을 쓰다듬으면서 장점을 보도록 노력해야 한다.

무엇보다, 내성적이고 마음이 약한 아이도 부모가 싫은 일을 강요하면 다른 아이들과 똑같은 불만을 느낀다는 것을 잊어서는 안 된다. 이것을 무시하면, 아이는 점차 부모가 싫어하는 일로 복수하는 것에 몰두해 성공은커녕 부모가 경악할 만한 사고를 칠 수도 있다.

자녀의 핑계 대는 태도를 바로잡으려면

- 아이가 속을 태워도 "도대체 뭐 하는 짓이야?", "너는 도대체 무슨 생각으로 사니?" 등 자극적인 말은 삼간다.
- "네가 열심히만 하면 결과는 그렇게 중요하지 않다."라고 격려해준다.
- 자녀가 한 일이 마음에 들지 않아도 "결과는 마음에 들지 않지만, 네가 얼마나 열심히 하는지 아니까 괜찮아."라고 위로한다.
- 자녀의 태도에서 단점보다 장점을 보려고 노력한다.
- 내성적이고 마음이 약한 아이 역시 부모가 싫은 일을 강요하면 감정을 못느끼는 것이 아니라 감정을 내면에 저장하기 때문에, 점차 부모가 싫어하는 일로 부모에게 복수하는 것을 꿈꾸게 된다. 그래서 스스로 성공지수를 낮춘다는 사실을 기억해야 한다.

잘 토라지는 아이

자녀가 토라지는 것은 부모에 대한 무언의 압력을 행사하는 것이다. 성격이 나약하여 적극적으로 표현하지 못하기 때문에 부모가 자신의 요구사항을 가장 잘 받아들일 수 있는 방법을 선택하는 것이다. 그러나 부모가 토라질 때마다 요구사항을 받아주면 점점 더 자기 표현을 생략하고 부모가 자기 요구를 들어주도록 자주 토라져 토라지는 습관을 굳히게 된다.

내성적인 아이들은 두려움이 많아 대체로 자신의 욕구를 표현하기 전에 욕구가 받아들여질 것인지 결과부터 계산한다. 자신이 그런 말을 하면 부모나 친구가 어떻게 받아들일 것인지를 따진 후 안전하다고 판단될 때만 표현하기 때문에, 안전하지 않다고 느끼면 토라지는 것으로 의사 표시를 한다. 그리고 부모가 어떻게 받아들일 것인지 면밀히 주시하고 욕구에 대한 표현 방법을 조절한다.

예를 들어 자녀가 MP3를 사달라며 아침밥을 굶고 등교하거나, 학원에 가기 싫어서 이유 없이 부모에게 신경질을 내면 대개의 부모는 얼른 요구사항을 들어준다. 그러면 아이는 의사표시를 분명하게 하지 않고도 자기 의견을 관철할 수 있다고 믿어 성공지수에 필요한 표현력을 기를 필요성을 느끼지 못하게 되는 것이다.

중3 아들과 중1 딸을 둔 한 어머니는 두 아이 모두 내성적이어서 툭

하면 잘 토라진다며 하소연한다. 아이들은 사춘기가 되니 집에 돌아와서도 건성으로 눈인사만 하고는 자기 방에 틀어박힌다며 한숨을 내쉬었다. 아이들은 간식이나 용돈이 필요해야만 간신히 입을 연다고 한다. 어떤 때는 이유 없이 인상을 쓰고 있어 '이 애가 또 토라진 건 아닌가?' 싶어 가슴이 덜컥 내려앉기까지 한다는 것이다. 어머니가 자존심을 버리고 대화를 시도하면 "공부하느라 피곤하니 말 시키지 마세요."라거나 대꾸 없이 멍하니 쳐다보기만 하여 어머니를 민망하게 만든다는 것이다.

이 어머니와 대화를 해보니 그녀는 아이들이 내성적이라는 사실에 지나치게 신경을 쓰고 있었다. 그 결과 아이들이 원하기도 전에 먼저 간식을 챙겨주고 용돈도 넉넉히 주었으며, 아이가 말없이 토라지면 어머니가 알아서 아이가 원하는 것들을 바로바로 해결해주었다. 나는 그녀와의 대화를 통해 그녀의 자녀들은 어머니의 지나친 행동으로 토라지는 것을 생활화한 것임을 알게 되었다. 이 어머니가 자녀의 토라지는 습관을 고치려면 어머니의 지나친 '서비스'부터 중단해야만 한다.

자녀가 잘 토라진다고 해서 당황할 필요는 없다. 내성적인 아이들은 약간 여리고 용기가 부족할 뿐, 다른 아이들보다 부모의 약점을 더 잘 이용하는 영악한 면이 있다. 그래서 부모가 싫어할 말을 하지 않고도 원하는 것을 얻어내려고 이 방법을 선택하기 때문에 토라지지 않고 말을 해야 요구를 들어 준다는 분명한 의사표시를 해두면 어렵지 않게 버릇을 고칠 수 있다. 그렇게 하지 않고 부모가 자녀가 토라질 때마다 쩔쩔매며 말려들면 자녀는 토라지는 것이 자기가 원하는 것을 얻어내는 최선의 방법이라고 믿게 된다. 그러나 이런 행동 패턴이 굳어지면 사회에서 절대로 환영받지 못한다. 따라서 잘 토라지는 자녀의 성공지수를 높이려면 밥을 먹지 않고 시위를 해도 말려들지 말아야 한다. 토라지면, 오히려 지금까지 제공하던 서비스까지 중단해 그 방법이 통하지 않는다는 것을 일깨워야 한다.

부모의 이러한 조치에도 불구하고 계속 토라지면, 부모가 직접 개입하지 말고 삼촌이나 과외 선생님 등 자녀와 비교적 대화가 잘 통하는 사람과 간접적으로 대화를 해보도록 하는 것이 좋다. 부모가 직접 자녀와 갈등을 일으키며 수시로 토라지는 행동을 바로 잡으려고 하면 부모의 권위가 훼손되기 때문이다. 부모의 권위를 보호해야 자녀를 효과적으로 통제하고 성공지수도 높여줄 수 있는 것이다.

자녀가 잘 토라지는 태도를 바로잡으려면

- 아이가 토라져도 반응을 보이지 않는다.
- 토라지면 오히려 지금까지 제공하던 서비스를 중단한다.
- 사태가 심각하면 아이와 잘 통하는 사람을 내세워 대화를 시도하여 부모의 권위를 훼손시키지 않는다.

2. 자기중심적인 아이

자기중심적인 사람을 좋아하는 사람은 아무도 없을 것이다. 어떤 조직도 자기중심적인 사람은 환영하지 않는다. 그래서 자기중심적인 태도로는 좋은 성적과 능력을 갖고도 성공하기 힘들 수 밖에 없다. 핵가족화된 사회에서는 자기중심적인 아이들이 점차 늘고 있다. 각 세대마다 자녀수가 적어지면서 요즘 아이들은 독불장군처럼 부모 말도 무시하고 자기 고집만 내세우는 경향이 많아졌다. 부모조차 "내 아이지만 정이 안 간다."고 말할 정도로 자기중심적인 아이들이 늘고 있는 것이다.

그러나 사회는 점차 능력보다 인간 관계를 더 중요시하기 때문에 자녀의 자기중심적 태도는 반드시 고쳐주어야 한다. 부모가 자녀의 마음을 움직일 만한 대화법을 알아야 그것이 가능하다. 그에 관한 대화법을 소개한다.

자기주장만 내세우는 아이

자기주장만 내세우고 남의 의견은 받아들이지 않으면 적이 많아진다. 그래서 자기주장이 강한 사람은 똑똑하고 능력이 많아도 적들이 성공을 방해해 성공하기 어렵다. 따라서 자기주장이 너무 강한 자녀는 정당한 주장과 그렇지 않은 주장을 구분하는 능력을 길러 주어야 한다.

아이들은 성인에 비해 동물적 본능을 억제하는 능력이 약해 더 자기중심적이다. 그래서 남을 배려하기 전에 자기를 먼저 챙긴다. 이것을 통제하는 힘을 길러주지 않으면 자기중심적인 본성이 강화돼 자기중심적 사고를 버리지 못하고 자기주장만 내세우게 된다. 따라서 자기주장이 강한 자녀를 둔 부모는 자녀의 관심거리나 요구 사항, 변덕 등을 다 받아주지 말고 선별해서 받아주어 합리적인 통제 방법을 익히게 해주어야 한다. 뇌는 한 번 어떤 일에 집중하면 그 부분을 자꾸 키워나가기 때문에 자녀의 감정과 변덕 등을 통제하지 않으면 자녀의 자기주장은 점차 더 강해질 것이다.

또한 아이들은 부모의 태도와 행동을 보고 배우기 때문에, 부모가 이기적이거나 변덕스러운 태도를 보이면 그것을 배워 자기중심적 태도를 굳히게 된다. 부모가 편애를 하는 경우에도 사랑받지 못한다고 생각하는 쪽은 자기주장을 강화해야 살 수 있다고 믿어 자기중심적 사고를 고집한다.

예를 들어, 부모가 형제끼리 싸울 때 잘잘못을 가려주지 않고 "동생을 못살게 굴면 나쁜 사람이야." 또는 "언니한테 그러면 못써."라고 말하면, 아이는 자기주장이 강해야 부모와 형제로부터 자기를 지킬 수 있다고 믿는 것이다.

그러나 자녀가 자기주장이 강하다고 해서 "너는 어떻게 그렇게 너밖에 모르니?", "그렇게 하는 건 이기적인 행동이야."라고 직설적으로 야단치는 것은 금물이다. 반발심만 키울 수 있기 때문이다. "왜 그렇게 행동했지?"라고 물어 아이가 직접 자기주장을 철회하지 않는 이유를 설명하게 해 스스로 자기주장을 굽히게 하는 것이 좋다.

혹시 자녀가 말하는 그 이유가 마음에 들지 않아도 "네가 그렇게 생각했구나.", "그렇게 하려고 그랬구나."라고 공감해주어 아이의 내면에 쌓인 분노부터 풀어주는 것이 좋다. 자녀가 형제나 친구를 비난하고 헐뜯어도 일단은 내면의 불만을 다 털어놓게 한 후, "네가 동생 입장이라면 어떻게 하겠니?", "네가 그런 일을 당했다면 기분이 어떨 것 같아?", "그럴 때 너라면 상대방이 어떻게 해주기를 바랄까?"라고 질문해보자. 그래서, 자녀가 상대방의 기분이나 느낌을 상상해보도록 유도하면 자녀도 자신을 객관적으로 보게 돼 부모 의견을 받아들일 것이다.

또한 자녀가 결정한 일이 마음에 들지 않아도 어떤 일을 다 마치면 "그렇게 하니까 어땠어?"라고 묻고, 반응이 신통치 않으면 "그럼 어떻게 하는 게 더 좋을까?"라고 되물어 자녀 스스로 다른 방법을 찾도록 도와주면 자녀가 자기주장만 내세우지 않고 타인의 의견을 듣는 것이 이익이라는 것을 경험하게 된다.

그리고 자녀가 정확한 답을 찾아냈을 때 아낌없이 칭찬해주면 자기주장만 내세우지 않고 타인의 주장도 받아들일 수 있는 여유가 생겨 타협적인 태도를 기를 수 있을 것이다.

자녀가 자기주장만 고집하지 않게 하려면

- 자식의 관심거리나 요구사항, 감정처리 방법, 변덕 등을 다 받아주지 말고 선별해서 받아줄 수 있는 것만 받아준다.
- 형제끼리 싸울 때, 잘잘못을 가려주지 않고 무작정 "동생에게 못살게 굴면 나쁜 사람이야." 또는 "언니한테 대들면 못써."라고 꾸짖지 말라.
- 아이가 주장하는 이유가 마음에 들지 않아도 "네가 그렇게 생각했구나.", "그렇게 하려고 그랬구나."라고 맞장구를 쳐준다.
- 자녀가 상대방의 기분이나 느낌을 상상해보도록 "그럴 때, 너라면 상대방이 어떻게 해주기를 바랄까?"라고 질문한다.

불평불만이 많은 아이

성공한 사람들은 아무리 힘이 들어도 불평하지 않는다. 그들은 매사에 '안 된다' 보다 '된다' 라고 생각하기 때문에 웬만한 일에는 불만을 느끼지 않는다. 그러나 실패하는 사람들은 '된다' 보다 '안 된다' 를 먼저 생각해 조금만 마음에 안 들어도 불평부터 한다. 그러므로 자녀가 불평이 많다고 느끼면 두뇌를 '된다' 쪽으로 맞추는 훈련을 시켜야 성공지수를 높여줄 수 있다.

초등학교 6학년 유미는 친구들과 조금만 마음이 맞지 않으면 "그런 애는 딱 싫어!", "걔 정말 안 좋은 애야." 등 불만을 터뜨린다. 집에서도 매일 이런저런 이유로 언니와 다투지 않는 날이 없다. 어머니가 "넌 무슨 불만이 그렇게 많니? 무엇이나 좋게 보려고 하면 좋게 보이는 법이야."라고 타이르지만 소용이 없다.

유미처럼 불평불만이 많은 아이들에게는 그런 성향을 가지게 된 원인이 있다.

첫째, 부모가 아이들을 무조건 칭찬해주는 경우다. 자칫 아이가 잘못한 일까지도 칭찬하면 자기는 항상 다른 사람의 주목을 받아야만 한다고 믿어 조금만 주목을 못 받으면 불평하게 된다. 심하면 사람들이 조금만 자기를 주목하지 않아도 좌절감을 느껴 열등의식이 생기기도 한다. 열등의식이 깊어지면 지나치게 상대방을 방어하게 돼 남을 비하하거나 혹평하게 되고, 주변 사람들이 자기 아닌 다른 사람을 주목하는 것만으로도 짜증을 낼 수 있다.

둘째, 부모가 "너를 믿은 게 바보지!", "그것도 청소라고 한 거야?" 등의 파괴적인 언어를 자주 사용해 아이가 부모의 말투를 그대로 배운 경우다. 사람은 부정적인 말투에 익숙해지면 긍정적인 언어 사용이 어색해져 점점 더 부정적으로 말하게 된다. 이 경우, 부모의 언어 습관부터 긍정적으로 바꿔야 한다.

마지막으로, 부모가 자녀를 위험에 노출시키지 않으려고 너무 사람을 가려 사귀게 하는 것이다. 여러 사람과 어울리는 것도 습관이 되지 않으면, 자신과 전혀 다른 사고방식과 성격의 사람들을 받아들이지 못한다. 자녀에게 가급적 많은 사람을 접촉하게 해줘야 자기와 문화가 다른 사람을 보고도 불평하지 않게 된다.

또, "엄마가 그러면 안 된다고 했지!"라는 식으로 야단치는 태도도 자녀의 불평을 산다. "사람은 좋은 면을 보려고 노력하면 좋은 면이 보이는 법이야." 등의 도덕 교과서식 훈계도 불평요인이 된다. 자녀가 말하는 도중에 끼어들거나 "그래서 뭐가 문제야?", "뭐가 마음에 안 드는데?" 등 시비조로 말하는 것도 자녀의 반항심을 불러일으켜 불평하게 만든다.

자녀의 불평이 심하게 느껴지면 무조건 "저런, 화 날만 하구나!", "너는 그런 게 싫을 수도 있겠다."라고 공감해주면서도 "그런데 왜 화가 났지?" 등의 질문으로 뇌가 불만에 집중하는 것을 막아야 한다.

뇌는 질문을 받으면 답을 찾으려는 속성이 있다. "그럼 너한테 어떻게 해주었으면 좋겠니?", "네가 그렇게 생각한 이유가 뭔데?" 등의 질문을 던지면 자녀 스스로 자신이 느끼는 불만의 정체를 알아내고 그것을 해소하는 방법을 찾는 노력을 한다.

질문을 했는데 자녀가 선뜻 불만을 털어놓지 않아도 "시원하게 말 좀 해봐.", "빨리 말하지 못해?"라고 추궁하거나 짜증스럽게 말하지 말자. 그러면 반발심이 일어 속마음을 털어 놓기는커녕 더욱 짜증을 낼 것이다. 인내심을 가지고 자녀 스스로 입을 열 때까지 기다려야 자녀의 뇌가 긍정적인 방향으로 초점을 바꾸고 불만을 줄인다.

자녀의 불평을 줄이려면

- 자녀가 불평을 늘어놓을 때 "저런, 화가 날만 하구나!", "너는 그런 게 싫을 수도 있겠구나."라고 말하며 자녀의 뇌가 불만에 집중하는 것을 막아 준다.
- "그럼 너한테 어떻게 해주었으면 좋겠니?", "네가 그렇게 생각한 이유가 뭘까?" 등의 질문으로 자녀 스스로 자신이 느끼는 불만의 정체를 알아내게 한다.
- "빨리 말하지 못해?", "어서 말해!"라고 추궁하거나 짜증스럽게 말하면 아이의 반발만 불러일으킨다.

짜증이 심한 아이

만나면 유쾌한 사람이 성공한다. 사람의 감정은 전염성이 강해 유쾌한 사람은 주위 사람들도 유쾌하게 만들어 협력적인 분위기를 형성하기 때문이다. 불쾌함과 짜증 역시 전염성이 강하다. 짜증과 불만이 많은 사람은 주변 사람들에게 고스란히 그 느낌을 전염시킨다.

유쾌함과 불쾌함은 생활 습관에 따라 그 크기가 달라진다. 그러므로 아이의 짜증내는 버릇 역시 훈련으로 고쳐 유쾌한 사람이 되게 해야 한다. 그러려면 조금만 자기 뜻대로 안 되면 짜증을 내거나 제 성질을 못 이겨 비명을 지르거나 발버둥을 치는 아이의 버릇은 반드시 고쳐주어야 한다.

유치원생 기민이는 동생이 자기가 원하는 대로 놀아주지 않으면 비명을 지르고 팔다리를 버둥거리며 한바탕 소동을 일으킨다. 기민이는 어머니가 간식을 만드는 중에도 빨리 달라며 난동을 부려 어머니를 진땀 나게 만든다. 어머니는 아들의 그런 태도가 못마땅하면서도 더 시끄러워질까 봐 결국은 아들이 원하는 것을 모두 들어주고 있다.

아이들은 참을성이 부족하다. 그래서 자신의 요구가 즉각 받아들여지지 않으면 짜증이 난다. 그런데 부모가 짜증을 부리거나 화를 낼 때마다 귀를 기울이고 해결해주면 점차 조금만 요구가 늦게 받아들어져도 짜증내는 것을 습관화할 수 있다. 또한 자녀의 감정을 가볍게 여겨 아이가 화를 내도 "조용히 하지 못해?", "얘는 별 것도 아닌 일로 야단이야!"라며 억압해도 아이가 부모의 태도에 화가 나 더욱 짜증을 낼 수 있다. 부모가 너무 강압적으로 짜증내는 것을 억압하면 아이는 부모가 자신의 정당한 감정표현을 거부한다고 생각해 감정을 더욱 강하게 표현하려면 짜증의 강도를 높여야 한다고 생각할 수 있다.

어른들도 갑자기 우울해지면 소리라도 지르고 화를 내버려야 답답한 마음이 좀 풀린다. 아이들도 마찬가지다. 자녀가 정말로 화가 나서 소리를 지르거나 짜증을 내는데 부모가 "조용히 하라."고 협박하면 아이는 더욱 답답해질 것이다. 자녀가 이유 없이 화를 내는 것 같아도 알아보면 반드시 이유가 있다. 따라서 짜증내는 이유를 알아내서 아이에게 정당한 방법으로 의사표시를 해야만 요구사항이 관철된다는 것을 인지시켜야 짜증내는 습관을 고쳐줄 수 있다.

"너는 왜 항상 화만 내니?", "자꾸만 그러면 가만 안 둘 거야."라고 협박하지 말고 "저런, 화났구나!"라고 받아주라. "화가 나면 그렇게 울지만 말고 왜 화가 났는지 말을 하렴. 그래야 엄마가 화난 이유를 없애줄 수 있어." 하고 올바로 의사표현을 하는 방법을 일러주는 것이 대단히 중요하다.

자녀의 비명 소리가 신경에 거슬려도 부모가 먼저 화내지 말고 "울음을 그치고 엄마 말 좀 들어 봐." 하고 차분하게 말해 대화를 유도하는 것이 좋다. 부모가 아이의 심정은 이해하려 하지 않고 무리한 요구를 하면 오히려 짜증을 내고 과격하게 "엄마 미워!", "때려주고 싶어." 등의 말로 대들게 할 수 있으니 조심해야 한다. 부모가 함께 흥분하면 자녀의 짜증 습관은 더욱 심화되기 때문이다. 부모가 여유를 갖고 "그래, 정말 엄마가 미웠겠다."라고 먼저 아이의 기분을 달래주고 화를 가라앉힌 다음, 화가 날 때 어떻게 행동을 해야 하는지 차분히 설명하면 받아들일 것이다.

아이들이 화낼 때는 반드시 그 원인이 있다는 것을 염두에 두고 대화해야 한다. 부모의 생각을 전할 때는 "네 기분은 엄마도 알아. 그렇지만 그런 식으로 화를 내면 엄마가 너무 놀라잖아." 하고 아이를 이해한다는 점을 먼저 강조해 불만을 최소화해야 대화가 통한다. 대화가 통해야 불만을 짜증으로 표현하지 않고 말로 표현하는 방법을 가르칠 수 있다.

자녀가 짜증내지 않게 하려면

- 자녀가 이유 없이 화를 내도 "너는 왜 항상 화만 내니?", "자꾸만 그러면 가만 안 둘 거야."라고 협박하지 말고 "저런, 화났구나!"라고 일단 받아준다. 그런 다음 화가 나면 짜증내지 말고 말로 표현하라고 일러둔다.
- 자녀의 분노를 가라앉힌 후, 짜증내지 않고 의사표현 하는 방법을 일러준다.

욕설과 거친 말을 많이 쓰는 아이

간혹, 험한 욕설과 거친 말을 사용하는 것이 멋인 줄 아는 청소년들이 있다. 그러나 성공한 사람들은 대부분 예의 바르고 기분 좋은 용어로 말한다. 영화 속에서는 거칠고 욕 잘하는 사람이 멋있어 보일 수 있지만, 현실적으로는 아무리 멋진 사람도 거친 욕과 상스러운 말을 하면 상대방에게 불쾌감을 주어 인간관계가 좋아질 수 없어 성공하기 힘들다.

또한 말은 뇌를 자극하기 때문에 공격적인 말과 욕설은 뇌가 폭력적 해결 방법에 집중하게 만들어 행동마저 공격적으로 변하게 돼 타인을 불쾌하게 할 수 있다. 따라서 자녀의 욕설과 거친 말 사용은 바로잡아줘야 성공지수를 높일 수 있다.

고1 여학생 혜미의 어머니는 딸의 거친 말 때문에 다툴 때가 많다고 하소연한다. 혜미가 거친 말을 할 때마다 "여자아이가 보기 흉하게 무슨 그런 말을 써?" 하고 야단을 치지만, 혜미는 "다른 애들도 다 그렇게 말하는데 엄마만 유난스럽게 왜 그래?" 하면서 대든다. 어머니는 "혜미가 활달하고 자기주장이 강한 아이여서 가뜩이나 다루기 어려운데, 거친 말까지 입에 달고 다녀 몹시 걱정이 된다."고 말한다.

일반적으로 청소년기에는 나쁜 의도에서가 아니라 '그저 기분이

나빠서', '친구들이 사용하니까', '재미있어서', '멋있어서' 등 단순한 이유로 거칠고 험한 말을 사용한다. 따라서 어머니가 자녀의 거친 말투에 지나치게 민감해질 필요는 없다. 자녀 입장에서는 또래집단의 언어를 사용하지 않으면 왕따를 당할 수도 있다. 고등학생들은 입시 경쟁 스트레스를 은어나 속어 사용으로 풀기도 한다. 그러나 자녀의 거칠고 험한 말투가 습관이 되도록 방치하면, 결코 아이의 성공지수를 높일 수 없다.

자녀의 좌절과 분노, 사회나 기성세대에 대한 불만, 성性에 대한 호기심 등을 거칠고 거친 언어로 표현하는 것이 습관이 되지 않도록 지도해줘야 한다. 특히 그런 말투는 듣는 사람에게 모욕감을 준다는 사실을 분명히 일깨워줘야 한다. 말은 사람의 생각을 지배하는 주술적인 힘이 있어 속어 사용 등을 방치하면 자녀의 성격이 파괴적으로 변할 수 있다는 것을 자녀가 인지하는 것이 필요하다.

그러려면 자녀가 부모 말에 귀를 기울이게 해야 한다. 자녀가 욕설이나 거친 말을 사용할 때 "말투가 그게 뭐야?" 하며 펄쩍 뛰지 말고 "네가 화내는 건 이해하지만 그런 말을 듣기는 거북하구나.", "네가 그런 거친 말을 쓰는 거 보니까 단단히 화가 난 모양이구나.", "너 요즘 힘들지? 말하는 걸 들어보니까 힘든 것 같다." 등 자녀의 기분을 충분히 이해하면서, "친구들끼리는 그렇게 말해도 보통 때는 그렇게 말하지 않으면 좋겠다."는 부모의 생각을 일러두는 것이 좋다.

그리고 우리 아이만은 절대 그런 말을 사용하지 말아야 한다는 욕심도 버려야 한다. 자녀의 욕이나 은어 사용을 강제로 막으려고 하지 말고 부모도 '우리 아이가 집이나 학교에서 통제받는 중압감을 이겨내기 위해 노력하고 있구나!' 라고 이해하면 "그게 어디서 배운 말버릇이야? 버릇없게!" 라고 말할 수는 없을 것이다.

자녀의 거친 말투를 효과적으로 고치려면 부모 자신이 먼저 "나 지금 기분 나빠(나 지금 기분이 안 좋아).", "그것도 못해?(왜 이렇게 안 되지)?"정도의 완화된 충고를 습관화해야 한다.

자녀의 욕설과 거친 말투를 바로잡으려면

- 자녀가 욕설이나 거친 말을 사용할 때 "말투가 그게 뭐야?" 하며 펄쩍 뛰지 말고 "네가 그런 거친 말을 쓰는 거 보니까, 단단히 화가 난 모양이구나.", "너 요즘 힘들지?" 등 자녀의 기분을 충분히 이해하면서 "그렇지만 그런 말을 쓰는 것은 삼가는 것이 좋겠다."라고 말해야 한다.
- '우리 아이만은 절대 욕설과 거친 말을 사용하면 안 된다' 는 욕심은 버린다.
- 자녀의 욕이나 은어 사용을 강제로 막으려고 하지 말고 '우리 애가 지금 집이나 학교에서 통제받는 중압감을 이겨내기 위해 노력하고 있구나' 라고 이해한다. 그리고 되도록 그런 말투는 또래 사이에서만 사용하도록 제한한다.

3. 집중력이 부족하고 산만한 아이

성공한 사람들은 하나의 일을 선택하면 집요할 정도로 끝까지 파고든다. 그리고 그 일을 성공시킨 다음에야 다른 일을 찾아나선다. 이것저것 하다말다 해서는 성공할 수 없다. 산만한 아이는 책 한 권을 끝까지 제대로 읽지 못한다. 어떤 일도 끝을 보지 못한다. 그래서 성적도 높이지 못한다. 일도 못한다. 따라서 산만한 태도를 고쳐주지 않으면 성공지수를 높여줄 수 없다.

많은 어머니들이 "우리 애는 머리는 좋은데 산만해서 성적이 안 나온다."고 발을 동동 구르면서도 근본적인 원인을 찾아 제거하지 않는다. 방법을 모르기 때문이다. 자녀의 산만한 태도를 고쳐 집중력을 갖게 하려면 인내심을 가지고 대화를 통해 자녀의 마음을 다스려야 한다. 지금부터 자녀의 산만한 태도를 바로잡아줄 수 있는 부모의 대화법을 소개한다.

몰라도 질문하지 않는 아이

호기심은 성공지수의 필수요소다. 호기심이 있어야 좋은 아이디어가 생기기 때문이다. 몰라도 질문하지 않으면 호기심을 충족할 수 없어 성공지수가 낮아진다. 아이가 몰라도 질문하지 않고 지나가면 호기심을 되살려 다시 질문하게 만들어야 성공지수를 높여줄 수 있다. 질문하지 않는 아이는 자기가 모른다는 사실조차 모를 정도로, 깊이 있는 생각을 못하는 경우가 많다. 자녀에게 적절히 호기심을 되살려주지 못하면 평생 깊이 있는 생각을 못해 성공할 수 없게 된다.

초등학교 2학년인 희재 어머니는 희재가 초등학교 입학 후, 너무 산만한 아이의 버릇을 고쳐놓겠다고 별렀다. 그런데 희재는 어머니와 공부하는 동안 잠시도 침착하게 앉아 있지 못했다. 연필을 들었다 놓았다 하거나 등을 긁적거리고, 동생 하는 일에 일일이 간섭을 하면서 어머니의 신경을 건드렸다. 참다 못한 어머니가 "도대체 지금 어디를 보고 있어? 딴 데 보지 말고 책을 봐야지." 하며 주의를 주었지만 희재의 태도는 전혀 달라지지 않았다. 오히려 공부 내용이 이해가 안 되도 질문하지 않고 어머니가 "이게 무슨 뜻인지 알고 있니?"라고 물으면 무표정한 얼굴로 고개를 가로저을 뿐이었다. 희재 어머니는 그런 딸의 태도에 짜증이 나 "도대체 너는 머리가 있는 애야? 없는 애야?" 하며 소리치곤 했다.

자녀가 몰라도 질문하지 않는 대개의 이유는, 가장 호기심이 왕성한 5~6세 때 어머니가 자기도 모르게 자녀의 호기심을 꺾어버렸기 때문일 가능성이 높다. 아이들은 이 시기가 되면 어머니가 괴로워할 정도로 "이게 뭐예요?", "왜 그래요?" 하고 질문하면서 지혜를 얻는다. "엄마도 잘 몰라.", "엄마 바쁘니까 나중에 물어보렴." 등의 말로 자녀의 질문을 가볍게 여기는 경우, 아이는 자연스레 호기심을 포기하고 만다. 어머니가 의욕이 너무 넘쳐 자녀의 질문에 지나치게 어려운 말로 대답해도 귀찮아서 호기심을 잃어버린다.

이 시기의 자녀들은 자기가 알게 된 새로운 정보가 자랑스럽고 좋으면 괜시리 어머니에게 여러 번 묻기도 한다. 그럴 때 "엄마가 벌써 몇 번을 말해주었니?" 하며 야단을 쳐도 '엄마는 내가 물으면 싫어한다' 라고 판단해 호기심을 포기한다. 또한 부모가 걸핏하면 "애들은 몰라도 된다.", "이 다음에 크면 저절로 알게 돼." 하며 어른들끼리만 대화하려 하면 '나는 그런 건 몰라도 돼. 내가 알고 싶은 것은 알려고 할 필요가 없는 것들이야' 라고 생각해 스스로 호기심을 억제한다. 따라서 자녀가 호기심을 키워 성공하게 하려면, 자녀의 질문을 존중해주어야 한다. 그것이 귀찮으면 책이나 인터넷 찾는 방법만이라도 일러주어야 한다.

자녀가 잘 몰라도 질문하지 않고 대충 넘어가는 버릇을 고쳐주려면 새롭게 호기심을 불러일으켜 주어야 한다. 그러려면 자녀가 어머니 마음에 들지 않는 일을 하고 싶어해도 "왜 그런걸 하려고?"라고 말하지 말고 "그래, 그렇게 하면 되는 거야.", "알고 보니 너는 이걸 아주 잘하는구나."라고 격려해서 그 일에 몰두할 수 있게 해주는 것이 좋다. 그러면 자녀는 그 일을 잘하는 데 필요한 여러 정보들에 대해 호기심이 생겨 다양한 질문을 하게 될 것이다. 이 때부터 자녀의 질문에 친절하게 답해주면 차츰 모르는 것은 알 때까지 질문하는 습관이 되살아나 호기심도 되살아날 것이다.

아이의 호기심을 살려주려면

- 자녀의 질문에 적절히 쉬운 설명을 해준다.
- 자녀의 질문에 "엄마도 잘 몰라.", "엄마 바쁘니까 나중에 말하자." 등으로 자녀의 질문을 가볍게 여기지 않는다.
- 같은 질문을 여러 번 해도 "엄마가 벌써 몇 번을 말했니?" 하며 핀잔을 주지 않는다.
- "애들은 알 필요 없어.", "이 다음에 크면 저절로 알게 돼.", "소그만 게 왜 그렇게 알고 싶은 게 많아?" 하며 아이의 질문을 무시하지 않는다.

정리 못하는 아이

성공하는 사람들은 주변 정리를 잘한다. 그래서 주변에 마구 어질러진 물건들 속에서 필요한 물건을 찾느라 시간낭비 하는 법이 없다. 그러나 실패한 사람은 닥치는 대로 물건을 쌓아두고 필요한 물건을 찾을 때마다 시간을 낭비한다.

많은 부모들이 방 정리를 하지 않는 자녀들과 줄다리기를 하지만 성공하지 못한다. 방법이 서툴기 때문이다. 자녀의 정리 습관을 길러주고 싶어하면서도 그렇게 하지 못하는 이유는 자녀의 지저분한 방을 보면 화부터 내기 때문이다. 자녀가 방에 물건들을 쓰레기더미처럼 쌓아두고 자기가 둔 물건조차 제때 찾지 못하면 "이게 사람 사는 방이니, 짐승 우리니?" 하며 자녀의 자존심까지 짓밟아 반발을 사기 쉽다. 그러면 자녀는 정리를 회피한다. 부모가 야단을 치면서 방을 대신 치워도 의타심이 길러져 정리할 필요성을 느끼지 못한다.

그래서 정리해주는 부모를 고마워하기는커녕 오히려 자기 물건에 함부로 손대지 말라며 귀찮아하게 된다. 그런 식으로 정리를 회피하면 일상생활에서 성공지수를 낮추게 된다.

가진이는 중학교 3학년에 올라가면서 "이제는 어머니 간섭 안 받고 뭐든지 내가 알아서 하겠다."고 큰소리를 쳤다. 그러나 여전히 가진이의 방은 지저분하기 이를 데 없다. 어머니는 딸의 방을 누가 볼세라 대신 치워주며 "내가 언제 이 노릇을 그만두지?" 하고 푸념을 늘어놓는다. 가진이는 집안 전체를 어지르고 다녀 어머니를 힘들게 한다. 또, 가진이는 준비물을 빠뜨리고 등교하기 일쑤다. 그러고는 어머니에게 갖다 달라고 전화를 한다. 또 TV 정규 프로그램이 다 끝날 때까지 시청한 후에야, 하품을 해가며 엉터리 숙제를 하거나 가끔은 숙제를 아예 안 해가서 벌을 받기도 한다. 어머니는 "다른 집 애들은 중3쯤 되면 자기 일은 자기가 알아서 하던데 왜 우리 가진이는 엄마가 일일이 따라다니며 뒤처리를 해줘야 하는지 모르겠다."며 속상해했다.

어린 아이들은 부모의 보살핌이 절대적으로 필요하다. 너무 어릴 때부터 엄격하게 기르면 애정결핍증이 생겨 커서도 어린애처럼 행동하는 등 부작용을 초래할 수 있다. 그러나 자녀의 성장속도에 맞추어 서서히 혼자 해결하게 하는 훈련은 엄격하게 시켜야 한다. 그렇게 하지 않으면 부모는 영원히 자녀의 뒤치다꺼리나 해주어야 하며 자식을 자기 주변 정리조차 못하는 미숙한 성인으로 키울 수 있다.

따라서 자녀를 진정으로 위한다면 가능한 한 빨리 자녀의 정리 습관을 길러주어야 한다. 그러려면, 자녀가 방을 정리하지 못해도 대신 해줘서는 안 된다. 그래야 자녀는 '자기가 할 일은 자기가 해야 한다. 누구도 대신 해주지 않는다' 는 의식을 기르게 된다. 그렇다고 해서 강제로 청소시키거나 함부로 매를 들라는 것은 아니다. 자녀는 부모에게 벌을 받거나 매를 맞으면 자신의 잘못된 행동이 부모가 준 벌로 모조리 용서되었다고 계산한다. 그래서 행동을 교정할 필요성을 느끼지 못한다. 따라서 매는 절대 들지 않는 것이 좋다.

가진이처럼 자기 방은 물론 거실과 주방까지 어지르면 "더 이상 네 방 정리는 간섭하지 않을 테니 절대로 거실이나 주방까지 지저분하게 쓰지 말아라. 만약 약속을 어기면 네가 집 전체 청소를 해야 한다."는 약속을 하고 그대로 지키는 것이 좋다. 또 자녀가 어쩌다 방을 정리할 때 "네가 웬일이니? 해가 서쪽에서 뜨겠네." 하며 비아냥거리지 말고 "그래, 나도 네가 이렇게 정리를 잘할 줄 알았어. 엄마보다 더 깨끗이 했네." 하며 진심으로 기뻐해주어야 한다.

그리고 차츰 정리 습관이 몸에 배면 합리적인 정리 방법을 가르쳐주어야 한다. 그러려면 부모와 먼저 주변을 정리하는 방법을 알아야 한다. 요즘은 주방 하나도 과학적으로 정리하는 방법이 인터넷 등에 자세히 소개되어 있다. 부모가 적극적으로 과학적인 정리 방법을 배워 사용하면 자녀의 정리 습관도 쉽게 길러줄 수 있다.

서 살 돈을 이중으로 타 가고 그것이 들통나 심한 꾸지람을 들어도 눈 하나 꿈쩍하지 않았다. 얼마 전에는, 버젓이 학원을 빼먹고도 "그런 적 없다."고 딱 잡아떼 어머니 속을 뒤집어놓기도 했다. 계환이 어머니는 이제 계환이가 무슨 말만 하면 "거짓말이지?", "정말이야?"라고 되묻는다. 계환이의 거짓말은 어머니 힘으로는 고치기 힘들 정도로 능숙해지고 말았다.

부모가 자녀를 너무 심하게 꾸짖으면, 자녀는 자기 잘못을 반성하지 않고 부모가 자기를 미워하거나 무관심하기 때문이라고 받아들인다. 그래서 부모에게 관심을 끌려고 거짓말을 할 수도 있다. 따라서 자녀의 거짓말 습관을 바로잡으려면 자녀가 '거짓말을 했다'는 사실만을 가지고 화낼 것이 아니라 아이의 내부 상황을 들여다보고 원인부터 제거해야 한다.

가장 좋은 방법은 자녀가 어머니에게 뭐든지 솔직하게 털어놓을 수 있는 자유로운 분위기를 만들어주는 것이다. 어머니가 지금까지 "너는 왜 그렇게 산만하니? 정신없어 죽겠다."라고 야단쳐 왔다면, 자녀는 어머니가 대화할 분위기를 만들어도 어머니를 믿을 수 없어 쉽게 응하지 않을 것이다. 자녀를 조용히 불러 "깊이 생각해 봤더니, 너한테 호통만 치고 잘해 준 것이 없더구나. 네 마음도 이해하지 못하고 말이야."라는 식으로 자녀의 마음을 달랜 후 대화 분위기를 조성해나가야 한다. 아이의 거짓말한 결과만 가지고 야단치지 않고

"앞으로는 정직하게 말하기다. 약속!", "나는 이제부터 네가 약속을 잘 지킬 것으로 믿는다." 등의 말로 아이와 '거짓말 하지 않기'에 대한 합의를 하면 자녀는 더 이상 거짓말의 필요성을 느끼지 못할 것이다.

이 때부터는 거짓말이 왜 나쁜지를 설명할 수 있다. 자녀가 어머니의 설명을 귀담아 듣기 시작하면 거짓말 습관은 저절로 없어지고 정직한 태도를 갖게 돼 성공지수가 높아질 것이다.

자녀가 거짓말로 위기를 모면하는 습관을 바로잡으려면

- 부모에게 뭐든지 솔직하게 털어놓을 수 있는 자유로운 분위기를 만들어준다. 지금까지 "너는 왜 그렇게 산만하니?" 하고 아이를 야단쳐왔다면 이제부터는 "내가 깊이 생각해봤더니, 너한테 야단만 치고 네 마음을 이해하지 못했더구나." 하며 자녀의 마음을 열게 한다.
- 아이의 거짓말이 들통나도 벌부터 주지 말고 "앞으로는 정직하게 말하기로 약속하자!", "나는 이제부터 네가 약속을 잘 지킬 것으로 믿는다."라고 말해 스스로 거짓말을 중단하도록 한다.

같은 실수를 되풀이하는 아이

어떤 성공도 실패 없이는 이루기 어렵다. 그러나 성공한 사람들은 결코 같은 실수를 되풀이하지 않는다. 따라서 자녀가 실수는 두려워하지 않지만 같은 실수를 되풀이하지 않도록 해야 성공지수를 높일 수 있다.

많은 부모들이 자녀가 같은 문제를 되풀이해서 틀리는 등 같은 실수를 반복하면 화만 낼 뿐, 적절한 해결책을 내놓지 못한다. 아이가 똑같은 문제를 계속 틀리면 "조금만 침착하면 성적이 쑥쑥 올라갈 텐데 왜 그런지 몰라." 하며 발을 동동 구를 뿐, 이를 고치려는 시도는 하지 않는 것이다.

초등학교 2학년 준혁이는 요즘 같은 문제를 계속해서 틀린다. 준혁이 어머니는 "준혁이가 똑같은 문제를 반복해서 틀리니까 내가 잘못 가르친 건지, 아이가 정상이 아닌 건지 답답해 죽을 지경"이라고 하소연한다. 준혁이는 비교적 이해력도 높고 공부도 상위권을 놓치지 않는 똑똑한 학생이다. 그런데 시험을 볼 때마다 어려운 문제는 다 맞고 쉬운 문제에서, 그것도 비슷한 문제를 반복적으로 틀려 어머니를 실망시킨다. 그럴 때마다 준혁이 어머니는 신경이 날카로워져 다른 사소한 일로 아이에게 신경질을 내곤 한다.

준혁이 어머니처럼 자녀의 실수를 감정적으로 받아들이면 자녀의 되풀이되는 실수는 절대 고칠 수 없다. 그런데도 많은 어머니들이 자식이 조금만 실수를 저질러도 곧바로 "너처럼 산만한 애는 처음 본다." 등의 부정적인 말로 자녀를 주눅들게 해서 문제해결을 하지 못한다. 사람의 뇌는 말에 자극을 받기 때문에 어머니의 그런 말은 자녀에게 '나는 원래부터 산만한 아이'라고 스스로를 규정짓게 한다. 그래서 아이는 문제를 해결하려고 하는 것이 아니라 같은 실수를 되풀이하게 된다.

자녀가 되풀이해서 같은 문제를 틀리거나 어머니가 싫어하는 실수를 되풀이하는 가장 큰 이유는, 언젠가 자녀가 실수를 저질렀을 때 어머니가 강도높은 처벌이나 창피를 줌으로써 아이에게 상처를 주었기 때문일 가능성이 높다. 사람은 누구나 자기가 실수를 저지르면 꾸지람을 듣기 전에 스스로 반성하고 고치려는 자정능력을 가지고 있는데, 부모의 성급한 태도가 자녀의 자정능력을 떨어뜨린 것이다.

10세 이전의 자녀를 벌이나 매로 다스리면 아이는 '나쁜 일을 했다는 것'과 '나쁜 사람'의 구분을 하지 못하고 '나는 나쁜 일을 했으니 나쁜 사람'이라고 자책하게 되는데, 부모가 이를 간과해 자녀 스스로 실수에서 벗어나려는 의지를 갖지 못하게 만드는 것이다.

그러므로 자녀가 반복해서 같은 실수를 저지르면 실수란 성장과정의 일부임을 인정하고 사소한 실수에 "정신을 어디다 두고 다녀?"라거나 "어떻게 그걸 또 잊어버릴 수 있니?" 혹은 "엄마가 전에 분명히 말했잖아." 등의 일방적인 비난은 하지 말아야 한다. 어머니가 비난을 삼가면 자녀는 '나는 아무리 노력해도 잘할 수 없는 아이'라는 생각을 버릴 것이다.

어머니가 자녀의 실수를 '죄'로 몰아붙이지 않고 "아직도 잘 모르겠니? 그럼 이번에는 방법을 바꿔볼까?", "지금 너라면 어떻게 하는 것이 좋을 것 같니?", "어떻게 하면 실수를 줄일 수 있을까?"라고 물으면 자녀도 실수의 원인을 찾아 해결할 의지를 갖게 된다.

어머니가 자녀와 함께 실수의 원인을 찾아낸다면 자녀는 금세 실수의 원인을 제거하고 스스로 성공지수를 높여갈 수 있을 것이다.

자녀의 되풀이되는 실수를 바로잡으려면

- 자녀가 실수했을 때 아이에게 마음의 상처를 주지 않는다.
- 10세 이전의 자녀를 벌이나 매로 다스리면 아이는 '나쁜 일을 했다는 것'과 '나쁜 사람'의 구분을 하지 못하고 '나는 나쁜 일을 했으니 나쁜 사람'이라고 자책하게 되어 실수를 되풀이한다.
- 실수란 성장과정의 일부임을 인정하고 자녀의 사소한 실수에 비난을 삼간다.
- "아직도 잘 모르겠니? 그럼 이번에는 방법을 바꿔볼까?", "지금 너라면 어떻게 하는 것이 좋을 것 같아?", "어떻게 하면 실수를 줄일 수 있을까?" 하고 자녀와 함께 반복되는 실수의 원인을 찾아내어 해결 방법을 모색한다.

공부를 열심히 해도 성적이 좋지 않은 아이

성공하는 사람들은 다른 사람들보다 일을 덜 하고도 좋은 성과를 낸다. 일하는 방법을 알기 때문이다. 그러나 실패하는 사람들은 다른 사람보다 열심히 일하고도 결과는 항상 빈약하다. 일하는 방법을 무시하고 그저 '열심히만 하면 된다' 며 덤비기 때문이다. 테니스 스윙 방법을 모른 채 게임을 하면 지고, 패스 방법을 배우지 않고 축구를 하면 공을 올바로 찰 수 없듯 일하는 방법을 모르면 열심히 해도 좋은 결과를 얻을 수 없다. 그래서 일하는 방법부터 배우지 않는 사람은 성공하기 힘들다. 공부도 마찬가지다. 공부하는 방법을 모르고서는 열심히 해도 성적이 오르지 않는다.

만약 자녀가 열심히 공부하는 것 같은데 성적이 오르지 않는다면 공부 방법을 다시 점검해서 요령 있게 공부를 하거나, 아예 공부를 포기하고 자기가 원하는 다른 일에 몰두하게 하는 것이 성공지수를 높이는 길이다.

초등학교 3학년인 세나 어머니는 세나가 다른 애들에 비해 지능이 떨어지지도 않고 공부하면서 한눈을 파는 것도 아닌데, 좀처럼 성적이 나오지 않는다며 울상이다. 담임 선생님도 어머니에게 세나가 뭐든지 일을 빨리 끝내는 습관을 갖도록 해달라는 당부를 하기도 했다.

자녀가 열심히 공부해도 성적이 오르지 않는 원인 역시 대부분 자녀가 아닌 부모에게 있다.

원인은 크게 다섯 가지 정도로 나눠볼 수 있다.

첫째, 부모가 자녀의 개성을 무시하고 일방적으로 공부하도록 강요하는 경우다. 자녀는 부모가 제시하는 방법이 자기와 맞지 않으면 공부가 힘들어 포기하게 된다. 부모가 보는 앞에서는 공부하는 척하면서 꾸지람을 모면하는 일에 급급하게 되어, 자신에게 맞는 공부 방법을 찾을 생각은 못한다.

둘째, 내 자식은 다른 아이들보다 공부를 잘해야 한다는 욕심 때문에 한꺼번에 여러 가지를 가르치려고 하는 경우다. 자녀에게 부모의 요구대로 모든 공부를 다 잘할 능력이 없다면 아예 공부 자체를 포기해야 한다고 생각할 것이다.

셋째, 자녀 스스로 공부를 시작하기도 전에 부모가 먼저 공부 방식을 지시하면 흥미가 사라져 책상 앞에 앉아서도 엉뚱한 생각만 할 수 있다.

넷째, 어머니가 자녀 앞에서 신세 한탄이나 우는 소리를 많이 하게 되면 자녀가 염세적인 사고를 갖게되어 '공부는 해서 뭐해?' 라고 생각해 공부가 싫어질 것이다.

다섯째, 부모가 아이에게는 공부하라고 하면서 TV를 켜놓고 시끄럽게 생활하거나, 평소에도 지나치게 큰 목소리로 말한다거나 집안 정리는 미루고 외출만 일삼는다면 집중이 안 돼 책을 붙들고 있어도 실제로는 공부에 몰입할 수가 없게 된다.

그 밖에도 잦은 이사, 부부싸움, 시댁, 친정 등과의 갈등이 많을 때도 아이들은 집안 사정에 신경이 쓰여 공부에 집중할 수 없다. 물론, 살다 보면 가정사가 복잡하게 얽힐 때도 있고 부모도 사람이기 때문에 자기도 모르게 자식 앞에서 푸념을 늘어놓을 수 있다. 아이가 이런 일에 영향을 덜 받게 하려면 자식에게 일부러 숨길 것까지는 없지만 아이가 공부에 집중하지 못할 정도로 그 일을 질질 끌면 안 된다. 어떤 어려운 일도 바로 덮거나 해결해서 아이가 그 일을 잊게 해주어야 한다.

자녀가 공부를 열심히 하고도 성적이 안 나오면 "공부하다 딴짓하면 안 돼." 등의 말로 윽박지르지 말고 공부 방법부터 찾아주어야 한다. 그러려면 자녀를 '집중력이 없는 아이' 라고 단정짓지 말고 '호기심 많은 아이' 로 바라보면서 "정말로 네가 하고 싶은 일을 하려면 공부를 이렇게 해야 한다."고 일러주어야 한다.

공부 방법을 터득하면 공부가 쉬워지고 다른 일에도 방법이 중요하다는 것을 깨달아 성적도 높이고 성공지수도 높이는 두 가지 효과를 거둘 수 있을 것이다.

자녀가 효율적으로 공부하게 하려면

- 자녀의 개성을 무시하고 부모의 방식으로 공부하도록 강요하지 않는다.
- 아이에게 한꺼번에 여러 가지를 가르치려고 하지 않는다.
- 자녀가 공부를 시작하기 전에, 부모가 앞질러서 어떤 공부를 하라고 지시하지 않는다.
- 어머니가 자녀 앞에서 자신의 신세를 한탄하고 걱정꺼리를 늘어놓아 자녀가 염세적인 사고방식을 갖지 않도록 주의한다.
- 부모가 집안에 항상 TV를 켜두고 큰 목소리로 호령하거나, 집안 정리는 소홀히 하며 외출만 한다든가 하여 자녀를 불안정한 상태로 만들지 않는다.
- 가정사가 복잡하게 얽힐 때도 무조건 사정을 숨기려고 할 필요는 없지만 오래 끌지 말고, 가정의 문제를 아이가 공부하는 것과 연결시킬 필요는 없다고 설명해 안정을 찾게 해준다.

4. 공격적이고 급한 아이

공격적이고 급한 성격을 가진 사람은 자신만만하고 추진력이 강한 장점을 가진 반면, 타인에게 상처를 주어 쉽게 적을 만드는 단점을 갖게 된다. 그러나 장점이 더 우세해, 다루기 힘들다는 이유로 기를 죽이지만 않으면 성공지수 높이기가 쉽다. 만약 다루기가 어렵다는 이유로 자녀의 기를 죽이면 자녀의 반발심을 불러일으켜 자녀가 비뚤어진 행동을 하게 만든다. 사람의 타고난 기질은 강제로 바꿀 수 없기 때문이다.

세계사적으로 큰 업적을 남긴 인물들의 어린 시절은 어땠을까? 고분고분하고 유순한 어린이였을까? 사실은 부모가 다루기 힘들 정도로 공격적이고 급한 성격들이 대부분이었다.

만일, 자녀가 공격적이고 급한 성격을 가졌다면 오히려 아이가 대성할 수 있다는 희망을 가져야 한다. 그리고 공격적이고 급한 성격이 장점이 되도록 대화를 통해 다듬어주어야 한다.

지금부터 공격적이고 급한 아이의 장점을 살리는 대화법을 알아보자.

부모에게 대드는 아이

성공하는 사람들은 윗사람이 이치에 맞지 않는 말을 해도 여간해서는 대들지 않는다. 그리고 할 말이 있으면 상대편이 이성을 되찾을 때까지 기다렸다가 논리적으로 차분하게 말한다. 반면, 실패하는 사람들은 '욱' 하는 순간을 참지 못해 일단 대들고 본다. 하지만, 잘못을 저지르고도 아랫사람이 대들면 누구라도 불쾌한 법이다. 그래서 윗사람에게 잘 대드는 사람은 능력이 뛰어나도 성공하기 힘들다. 따라서 자녀에게 부모에게 대드는 버릇이 있다면, 후에 상사나 윗사람에게 함부로 대드는 버릇으로 이어지지 않도록 빨리 바로잡아주어야 성공하는 사람으로 성장시킬 수 있다.

대부분의 부모들은 자식이 대들면, 자식에게 무시당했다는 감정에 사로잡혀 이성을 잃기 쉽다. 그래서 자녀가 굴복할 때까지 심하게 야단을 치거나, 중간에 슬그머니 포기하고 신세타령을 한다. 부모의 이런 대응은 부모가 원치 않는 일을 무리하게 강요하면 더 심하게 대들어야 문제가 해결된다는 의식을 갖게 할 뿐, 문제 해결에는 전혀 도움이 되지 않는다. 부모의 이런 대응은 부모에게 대드는 것이 해결책이라고 믿고 습관화하게 한다.

그리고 이것이 습관화되면 성인이 된 후에 누구에게나 대들어서 사회 부적응자로 낙인찍힐 수 있다. 그렇게 되면 좋은 대학 나와도 사회에 적응하기 힘들다. 따라서 부모에게 대드는 습관을 가진 자녀는 자기 감정을 이성적으로 표현하는 방법을 익히도록 가르쳐야 한다.

초등학교 6학년 현재는 며칠 전 어머니가 혼자 가서 등록한 학원 수업을 제멋대로 취소하고 말았다. 현재의 어머니는 몹시 화가 나서 아들을 보자마자 "도대체 왜 그런 짓을 했니?"라고 소리를 질렀다. 그러자 현재는 "학원 다닐 사람은 나잖아요. 그런데 엄마가 나하고 상의 한마디 없이 등록을 했으니 학원 다닐 필요가 없으면 취소해도 되는 것 아니에요?"라고 대들었다. 현재의 말이 틀린 것은 아니었지만 어머니로서는 현재의 태도가 괘씸해서 소리소리 지르며 흥분한 나머지 제풀에 지치고 말았다.

자녀가 부모에게 대드는 이유는 여러 가지다. 부모가 자녀의 잘잘못에 너무 예민하게 반응하거나, 자녀가 수행하기 어려운 일을 강요하거나, 또는 너무 나약해서 자녀에게 휘둘리는 경우 등이다. 성격이 급하고 공격적인 아이는 대체로 자존심이 강하다. 부모가 자신의 잘못을 일일이 지적하면 화가 난다. 그래서 말대꾸를 하게된다. 그러면 부모는 자신에게 반항하는 것으로 여겨 흥분하고 폭언 등으로 대응하게 된다. 그래도 아이가 지지 않으면 끝까지 굴복시키기 위해 심한 매질이나 더 강한 폭언을 퍼부어 자녀에게 깊은 상처를 준다. 그런 방법은 아이들의 반항심만 키워 대드는 버릇을 고쳐줄 수 없다.

부모에게 자주 대드는 공격적이고 급한 아이에게는 자존심을 고려하여 "네가 한 일을 어떻게 생각하니?" 등의 말로 자녀 스스로 잘못을 고백하도록 유도해야 한다. 또 잘잘못을 정확하게 파악하지도 않고 "당장 잘못했다고 말 못하니?"라고 억지 사과를 강요하지 말고 "잘 생각해 봐, 잘한 일인지."라고 말해 스스로 잘잘못을 인정하도록 유도해야 한다. 또한, 자녀가 실행하기 어려운 일을 시키고 싶으면 반드시 자녀와 상의해 자녀 스스로 받아들일 결심을 하도록 해야 한다. 그리고 자녀에게 휘둘리지 않으려면, 한 번 안 된다고 한 일은 끝까지 일관성을 유지해야 한다.

또, 아이가 대들 때마다 일일이 화내지 말고 "엄마가 지금은 너무 화가 나서 험한 말이 나올지 모르니 나중에 다시 이야기 하자." 등의 이성적인 말로 대처해 부모가 먼저 이성적으로 감정 다스리는 방법을 보여주어야 한다. 부모도 사람이기 때문에 억울한 생각이 들 수 있지만 "내가 이런 꼴 보려고 그렇게 뒷바라지 한 줄 아니? 괘씸한 것 같으니!" 등의 말로 화를 내면, 자녀의 태도를 고치기는커녕 부모를 얕잡아 보게 할 뿐이므로 참아야 한다.

부모가 자주 소리 지르고 화내면 자녀를 차츰 그것에 익숙하게 만들어 효과적으로 대드는 버릇을 바로잡을 수 없게 될 것이다. 따라서 자녀가 대들면 갑자기 목소리를 낮춰서 "네가 지금 한 그 일에 대해 어떻게 생각하니?"라고 묻자. 사람은 익숙하지 않은 것에는 두려움을 느끼는 속성이 있다. 부모가 갑자기 낮춘 목소리는 자녀에게 부모에 대한 무게감과 존재감을 느끼게 할 것이다.

대드는 자녀에게 낮고 침착한 목소리로, 부모에게 대드는 것이 왜 나쁜지 논리적으로 설명하면 아무리 자기 멋대로 행동하는 기가 팔팔한 아이라 해도 부모 앞에서는 약자의 입장이기 때문에 부모 말을 귀담아들을 것이다. 자녀가 대들 때마다 이런 방법으로 대응하면 부모의 권위도 회복되고 자녀에게 이성적으로 대화하는 태도를 가르칠 수도 있다.

자녀가 부모에게 대드는 습관을 바로잡으려면

- 자녀의 잘잘못을 자존심 상할 정도로 캐묻지 않는다.
- 자녀 스스로 잘못을 깨닫도록 적절한 질문으로 유도한다.
- 학원 등록 등 자녀가 해야 할 일을 부모 마음대로 강요하지 않는다.
- 한 번 안 된다고 한 일은 끝까지 번복하지 말아야 부모의 권위를 유지한다.
- 자녀가 대들면 갑자기 소리를 낮추고 진지하게 말하는 등 익숙하지 않은 방법으로 충격을 준다.
- 아이는 점점 이성적이고 논리적인 이유를 대며 대들게 된다. 그러나, 아무리 정당한 말을 하더라도 어른에게 대들면서 따지는 것은 문제가 있다는 것을 가르친다.

친구들과 자주 싸우는 아이

성공하는 사람들은 아무리 복잡하고 억울한 일을 당해도 싸우지 않고 대화로 문제를 해결한다. 반면, 실패하는 사람들은 한걸음 물러서서 보면 아무것도 아닌 일에 죽기살기로 다툰다. 그러나 싸움이 끝나고 나면 얼마나 어리석었는지 곧 깨닫게 된다. 그러나 이미 싸움으로 인간 관계에 금이 가 돌이킬 수 없게 된다. 그래서 성공하는 사람들은 웬만해서는 싸우지 않고 대화로 해결하려고 노력한다. 그러나 실패하는 사람은 사소한 문제에도 핏대를 세워가며 어떻게든 싸워서 해결하려고 한다. 그런 식으로 해결되는 것은 거의 없다. 인간관계만 망쳐 성공과 멀어질 뿐이다. 따라서 자녀가 친구들과 자주 싸워 걱정이라면, 싸우지 않고 문제를 해결하는 방법을 가르쳐야 한다.

성격이 급하고 공격적인 성격의 자녀를 둔 부모는 자녀가 친구와 자주 싸우면 그 원인이 자녀의 성격탓이라고 단정짓기 쉽다. 그래서 잘잘못을 따져 보지도 않고 곧바로 "네 잘못이야."라고 말해 자녀를 억울하게 만든다. 자녀는 부모 말에 크게 자극을 받기 때문에 부모의 이런 말은 자녀에게 '나는 성격이 급해서 어쩔 수 없어'라고 자기를 깎아내리게 만든다. 그래서 싸움 이외의 해결 방법이 있다는 사실을 깨닫지 못한다.

어릴 때는, 성격이 유순한 아이도 상대방 입장을 고려할 만한 능력이 없어 얼마든지 싸울 수 있다. '애들은 싸우면서 큰다'는 말도 있듯 싸움을 통해 친구의 존재를 인정하게 되고 사이좋게 노는 방법, 갈등 해결 방법 등을 배우게 되어 있다.

따라서 자녀가 친구와 싸워도 무조건 "우리 애 성격이 별나서 그렇다."고 함부로 비방하지 말아야 한다. 그러나 너무 자주, 심하게 싸우면 싸움이 아닌 다른 방법으로 갈등을 해결하는 방법을 가르쳐야 한다. 하지만 "제발 이제 그만 싸워!", "자꾸 싸우려면 집에도 들어오지 마." 등의 말로 협박하면 반발심만 키워 효과를 거둘 수 없다.

초등학교 5학년 의진이는 친구들과 자주 싸워 번번이 선생님께 벌을 받는다. 집에서도 동생과 자주 싸우는 편이다. 그래서 의진이가 밖에서 싸우고 들어오면 어머니는 짜증부터 난다. 그러나 의진이는 어머니의 그런 반응을 무시라도 하듯, 며칠 지나지 않아 친구를 때리고 들어오거나 또는 친구에게 너무 맞아 며칠 동안 앓아 눕기도 한다. 그래서 어머니는 의진이가 싸우고 들어오면 항상 "엄마는 너처럼 싸움 좋아하는 아이가 싫어!"라며 소리치고 있다.

아이들도 이유 없이 싸우지는 않는다. 싸움에서 이긴 아이도 상대편이 싸움의 원인을 제공해서 싸웠을 수 있다. 그런데 어머니가 이유를 묻지도 않고 일방적으로 "왜 싸웠어? 너 맨날 싸울래?" 등으로 화를 내면, 자녀 입장에서는 세상에서 자기 마음을 가장 잘 이해해주어야 할 어머니가 자기를 이해해주지 못한다는 오해를 한다. 이렇게 되면 어려운 일이 생길 때 어머니를 의논 상대로 여기지 않게 된다. 따라서 자녀가 자주 싸운다면 싸울 때마다 "싸우는 사람은 나쁜 사람이야.", "빨리 사과하지 못해?"라고 강요하거나, 부모의 잣대로 흑백을 가려 강제로 싸움을 중단시키지 말고 반드시 원인을 찾아내 해결해주어야 한다.

싸움의 정확한 원인을 알아내려면 "엄마가 또 싸우면 가만 안 둔다고 했지?"라고 짜증스럽게 말하지 말고 "왜 싸웠지? 이유를 말해줄래?" 하고 차분히 물어 자녀가 편안하게 대답할 수 있게 해주어야 한다. 만약 자녀가 싸움의 원인을 제공했음이 밝혀져도 "그러니까 네가 싸움을 건거야. 네가 그 애 물건을 빼앗으려고 한 거잖아."라며 협박조로 야단치지 말고 "네가 만약 그 애라면 가만히 있겠니?"라고 말해 자녀 스스로 자신의 잘못을 깨닫도록 해야 한다. 그렇지 않으면 자녀는 부모로부터 자기가 옳다고 생각하는 일을 관철시킬 때, 상대편을 협박하고 강압적으로 마음의 상처를 주어도 된다고 학습하게 돼 더욱 폭력적으로 변한다.

자녀가 싸우고 들어와 흥분이 채 가라앉기도 전에, 도덕적 잣대를 들이밀며 충고를 하는 것도 좋지 않다. 싸우고 들어오면 그냥 "일단 쉬어라. 마음이 가라앉으면 엄마랑 다시 이야기하자."라고 말해 마음을 충분히 가라앉히게 한 다음 싸움의 원인을 물어도 늦지 않다. 이 때도, 부모는 말을 줄이고 가급적 자녀가 말을 많이 하게 하고 결론 부분에서 "그렇다면 어떻게 했으면 좋겠니?"라고 물어 자녀 스스로 해결 방안을 찾도록 해야 한다.

이 때, 주의할 일은 만약 싸움의 원인이 상대편 아이에게 있어도 자녀 앞에서 그 아이를 비난하거나 욕하지 말아야 한다는 것이다. 아이들은 대체로 부모에게 자기가 싸운 이유를 설명할 때, 자기 잘못은 쏙 빼고 상대 아이의 나쁜 점만 이야기하기 쉽다. 그런데 부모가 자기 아이 말만 듣고 부르르 화를 내며 상대 아이 부모에게 전화를 걸어 따지거나, 그 집으로 쫓아가 항의하면 아이는 점점 더 의기양양해져 모든 문제를 싸움으로 해결하려고 해 성공지수를 스스로 낮추게 될 것이다.

자녀가 친구들과 싸우지 않고 대화로 문제를 해결하게 하려면

- 아이가 싸우고 들어오면 "일단 쉬어라. 마음이 가라앉으면 다시 엄마랑 이야기하자."라고 말해 마음을 충분히 가라앉힌 다음 싸움의 원인을 묻는다.
- 부모의 말은 가급적 줄이고 자녀가 말을 충분히 하도록 유도한 다음 결론 부분에서 "그렇다면 어떻게 했으면 좋겠니?"라고 물어 자녀가 해결 방안을 찾도록 한다.
- 싸움의 원인이 상대편 아이에게 있어도 자녀 앞에서 그 아이를 비난하거나 욕하지 않는다.

무례한 아이

세상에 무례한 사람을 좋아하는 사람은 없다. 그래서 무례한 사람은 성공하기 힘들다. 성공한 사람들은 대부분 공손하고 예의 바르다. 그런데 가정마다 자녀수가 줄어들면서 자녀를 너무 귀하게 길러 무례한 아이들이 늘고 있다. 심지어 부모 자신마저 "우리 애가 너무 무례해서 놀랄 때가 많다."고 고백하기도 한다. 성격이 급하고 공격적인 아이들은 아집이 강해서 타인을 존중하고 예의 바르게 대하는 것을 엄격하게 가르치지 않으면 무례한 성인으로 자라기 쉽다. 그러면 아무리 공부를 잘 해도 성공할 수 없게 된다.

따라서 자녀가 귀엽다고 해서 무례한 행동을 감싸지만 말고 엄격하게 예의 바른 태도를 가르쳐야만 성공지수를 높일 수 있다.

중3 중화 어머니는 요즘, 아들의 무례함이 도를 넘어 우울증이 생길 정도다. 며칠 전에는 휴일을 맞아 자신의 여고 동창생들을 집으로 초대해 식사 대접을 했다. 그런데 마침 자기 방에서 공부 중이던 중화가 뛰쳐 나오더니 어머니 친구들을 향해 "조용히들 좀 하세요!"라고 언성을 높인 것이다. 어머니는 친구들 앞에서 망신을 당해 어쩔 줄 몰랐다. 친구들이 돌아간 후, 중화를 불러 "도대체 그게 무슨 짓이야?"라고 야단쳤지만 중화는 "열심히 공부하는데 아줌마들이 남의 집에 와서 너무 시끄럽게 하잖아요."라고 당당하게 말하는 것이 아닌가! 중화 어머니는 나름대로 아들 교육을 잘 시키고 있다고 생각했는데 이처럼 무례한 중화의 태도를 보자 "내가 자식을 이 정도밖에 못 길렀나?" 싶어 우울증까지 생겼다.

성격이 급하고 공격적인 자녀에게는 집에 손님이 왔을 때 어른들에게 인사를 안 한다고 마구 야단치거나 억지로 인사를 시키면 반발심으로 더욱 무례해질 수 있다. 자녀의 예절교육은 강요보다 부모 자신이 손님에게 공손히 인사하는 모습을 보이는 식으로 모범을 보여야 효과를 거둘 수 있다. 어른이나 아이나 스트레스가 쌓이지 않아야 성격이 왜곡되지 않는다. 따라서 자녀의 공격적인 성격을 이해해주는 것이 좋다. 어머니가 아이를 이해하지 못하고 있다면, 성격 급한 아이들은 눈치가 빠르기 때문에 부모가 전혀 그런 의도를 갖지 않았는데도 부모의 말을 질책으로 받아들일 수 있다.

또, 흥분한 상태에서 "아들을 그렇게 기른 엄마를 보고 엄마 친구들이 뭐라고 하겠니?", "나는 너 때문에 얼굴을 들 수가 없다."라고 비난하면 자녀는 "엄마는 나에게 이렇게 무례해도 되나요? 왜 나만 엄마 친구들에게 예의 바르게 행동해야 되지요?"라고 대들 수도 있다. 따라서 자녀가 아무리 괘씸해도 흥분을 가라앉힌 후, "너 아까 그 행동은 너무 무례했어. 엄마가 친구들에게 민망해서 혼났다." 등의 말로 조용히 타이르는 것이 좋다. 또 성격이 급하고 공격적인 아이들은 어머니가 무서운 표정으로 "이게 어디서 배워먹은 버르장머리야!"라고 소리쳐도 전혀 무서워하지 않는다.

기억해둘 것은, 자녀의 무례함은 어머니의 강한 말이 아니라 오직 부드러운 말로만 고칠 수 있다는 것이다. 그리고 무례함은 가급적 빨리 고쳐야 좋은 인간관계를 배우고 성공지수를 높일 수 있다.

자녀의 무례함을 바로잡으려면

- 자녀의 무례한 태도에 "어디서 배워먹은 버르장머리야?" 등의 모욕적인 말은 하지 않는다.
- 억지로 인사를 시키거나 지나치게 예의 바른 태도를 강요하지 않는다.
- 자녀 스스로 예의 있는 태도를 갖도록 유도한다.
- 아이가 무례한 태도를 보이면 일단 입을 다물고 화가 가라앉은 다음, "너의 그런 태도가 엄마를 화나게 한다."고 설명한다.
- 평소 부모 자신이 예의 바른 태도를 보인다.

난폭한 아이

공격성이 심화되어 난폭한 성격을 가지면 타인은 물론 자기 자신도 파괴할 수 있다. 이럴 경우, 아이는 성공은커녕 자신을 파괴하는 비참한 인생을 살기 쉽다. 따라서 자녀를 성공시키려면 난폭한 태도를 가급적 빨리 교정해주어야 한다.

성격이 급한 아이들은 제 뜻대로 안 되면 난폭해지기 쉽다. 대개 부모가 성격 급한 자녀를 다루지 못해 원하는 것을 다 들어주다가 못 들어주게 되면 난폭해질 수 있다. 그러나 난폭한 태도도 원인을 찾아 마음을 다스리게 하면 고쳐질 수 있다.

> 초등학교 2학년 여학생 아린이는 요즘 부쩍 난폭하게 행동한다. 방과 후 현관에 들어서자마자 가방이 벗겨지지 않는다고 팔짝팔짝 뛰면서 화를 내는가 하면, 장난감 통을 뒤집어 엎으며 집안을 난장판으로 만든다. 동생이 조금만 마음에 들지 않으면 자꾸 때리고 못살게 굴기도 한다. 어머니가 말리면 어머니도 때리면서 괴성을 지르기 때문에 함부로 건드릴 수도 없다. 어머니가 "뚝 그치지 못해?"라고 큰 소리로 야단을 치면 아이는 더욱 난폭하게 몸부림을 쳐 어머니는 어쩔 수 없이 포기하곤 한다.

자녀가 난폭하게 행동하는 버릇을 고쳐주려면 부모가 먼저 자녀에 대한 폭력이나 폭언을 삼가야 한다. 아이들은 부모의 말을 그대로 배우기 때문에 부모의 폭언이나 폭력을 사용하면 그대로 답습한다. 또, 자녀의 난폭한 성격을 다루기가 힘들다고 "싫으면 관 둬!" 하고 방치해도 안 된다. 자녀는 겉으로 부모의 관심을 거부하면서도 속으로는 부모의 관심을 절실히 원하기 때문에 어머니가 이런 식으로 말하면 '우리 어머니는 나를 미워한다'고 오해해 관심을 끌려고 더욱 난폭한 행동을 한다.

자녀의 난폭한 태도를 고치려면 실컷 화내도록 내버려두는 것이 낫다. "그러지 말라."며 자극하면 화가 더 커질 뿐이다. 그러나 화는 폭발시키고 나면 줄어드는 속성이 있어 무관심하게 내버려두면 서서히 소멸된다. 집안이 소란스럽더라도 참고 화가 누그러들 때까지 기다렸다가 "그래, 엄마도 네가 화내는 이유는 이해할 수 있어. 그렇지만 물건을 던지는 것은 곤란해." 라고 말하면 온순해질 것이다. 아이의 성격이 불 같아도 어머니가 이런 말로 자기 마음을 이해해주면 어린 아이 본연의 자세로 돌아가기 때문이다. 그러나 자녀의 난폭한 태도가 보기 싫어 화를 내며 막아 보려고 하거나, 요구하는 것을 모두 들어주면 문제가 생길 때마다 난폭한 행동을 하게 된다.

난폭한 태도를 보이는 아이들은 대부분 감정 표현이 서툴러 의사소통 수단으로 폭력을 사용하는 경우가 많다. 따라서 부모 자신부터 자녀의 난폭한 행동에 폭력적인 대응을 삼가고 말로 해결하는 태도를 보여주어, 감정을 말로 표현하는 방법을 보고 배우도록 해야 한다. 난폭한 아이들은 겉으로 보면 대체로 성질이 급하고 공격적인 것으로 보이지만 실제로는 속이 여리고 위축되어 있는 경우가 많다. 따라서 자녀가 난폭한 행동을 해도 "그래, 나도 네 마음 알아. 그렇지만 그렇게 무섭게 굴지 말고 네 생각을 말로 표현해야 알아들을 수 있어."라고 아이의 마음을 어루만져 주어야 한다.

이렇듯 자녀의 난폭한 행동은 화내지 말고 "엄마도 너 같은 일을 당하면 화가 난단다. 너는 엄마를 많이 닮았어."라고 말해 기분을 가라 앉히고 "그런데 지금은 왜 화를 내는 거니?"라고 물어 화가 난 이유를 스스로 설명하게 해 내면의 폭력성을 완화시켜주는 것이 좋다.

자녀의 난폭한 행동을 바로잡으려면

- 자녀가 난폭한 행동을 할 때는 실컷 화를 내도록 내버려두는 것이 좋다.
- 화가 가라앉으면 "그래. 엄마도 네가 화내는 이유는 이해하지만 물건을 던지는 것은 곤란해."라고 마음을 어루만지면서, 부모가 하고 싶은 말을 한다.
- 자녀의 난폭한 행동에 폭력적인 대응을 삼가고, 대화로 해결하는 태도를 보여주어 감정을 올바로 표현하는 방법을 배우게 한다.

고집 센 아이

성공한 사람들은 대체로 고집이 세다. 그러나 불필요한 고집은 부리지 않는다. 따라서 고집 센 자녀를 성공시키려면 자녀의 고집을 무조건 나쁘게만 보지 말고 불필요한 고집만 없애는 훈련을 시키면 된다.

그런데 부모가 자식에게 고집을 내세워 자존심 싸움을 하면 쓸데없는 고집만 길러주게 된다. 고집은 자존심과 일맥상통하며 양보할 수 없는 개인의 주체성이다. 그러나 주체성이 너무 강한 사람끼리 부딪치면 부모와 자식 간에도 대화 통로가 막힌다. 부모가 고집을 내세우면 자녀의 고집을 꺾기는커녕 대화만 단절시켜 제멋대로 행동하는 태도를 기르게 된다. 자녀의 고집은 부모의 고집으로 막지 말고, 자녀 스스로 고집을 누그러뜨릴 수 있는 좋은 방법을 찾아주어야 한다.

초등학교 6학년 진재 어머니는 진재의 고집 때문에 하루에도 몇 번씩 울화통이 터진다. 며칠 전 일이다. 진재는 거실 소파에 반쯤 드러누워 리모컨으로 TV 채널을 정신 없이 돌려댔다. 어머니가 "그러지 마, 머리 아파."라고 말려도 끝까지 멈추지 않아 결국 매까지 들었다고 한다. 진재는 어머니가 회색 점퍼를 입으라고 하면 빨간 점퍼를 입고 빨간 점퍼를 입으라고 하면 흰 점퍼를 입는 등 항상 정반대로 행동했다. 게다가 진재는 성격이 강해 잘못을 저지르고도 단 한 번도 자기 잘못을 인정한 적이 없었다. 진재 어머니 고집도 만만치는 않아서 아들이 "잘못했습니다."라고 말할 때까지 매를 때리고 몸살을 앓은 적도 여러 번 있다. 그러나 진재 어머니는 자식에게 너무 자주 매를 드는 것이 안타까워, 요즘에는 매 대신 집안 청소를 시키는 등 좀 가벼운 방법으로 체벌을 하는데 그 방법도 효과가 없었다. 진재 어머니는 진재가 중 · 고등학교 가기 전에 그 황소고집을 꺾지 않으면 앞으로 더욱 휘둘릴 것 같다고 하소연한다. 진재 어머니는 "저는 아들이 무조건 부모 말에 복종하기를 바라는 고루한 사람도 아닌데 진재가 그런 식으로 삐딱하게 나오니까 저도 모르게 감정이 앞서더군요."라고 말했다.

부모, 자식 간에도 고집을 고집으로 꺾으려고 하면 이런 악순환은 계속된다. 고집은 자존심과 직결돼 부모가 억지로 고집을 꺾으려고 하면 오히려 더 강해지는 속성이 있기 때문이다. 따라서 고집 센 자녀의 고집은 억지로 꺾으려고 하지 말아야 한다. 부모가 자녀의 고집을 '쓸데없는 고집'이라고 생각하는 대신 자녀의 '주관'이라고 생각하면 자녀의 고집을 무조건 꺾어야겠다는 자신의 태도를 수정할 수 있을 것이다.

아이들도 초등학교 6학년쯤 되면 자기 나름대로의 견해가 있어 어머니가 그것을 인정하지 않고 부모의 방법만 강요하면 고집으로 맞서게 된다. 따라서 부모 보기에 자녀의 판단이 미숙하고, 자녀가 원하는 일의 결과가 실패로 돌아갈 것이 뻔해도 "그렇게 해봤자 소용 없어!", "엄마도 이미 그렇게 해보았다니까. 그러니까 그 방법 말고 이 방법으로 해!"라고 강요하지 않았나 반성해야 한다. 그 보다는 "엄마가 지난 번에 그렇게 해봤더니 이러저러한 점이 힘들던데?"라고 말하면서 자녀 스스로 결론내게 해야 한다.

만약 어머니가 그렇게 설명을 했는데도 무작정 고집을 부리면 그 때는 단호하게 아이의 눈을 똑바로 바라보며 "괜히 떼쓰지 말고 이 방법으로 해 봐!"라고 말해도 된다. 그래도 받아들이지 않으면 우물쭈물하지 말고 단호하게 일관된 주장을 펴는 것이 좋다. 그래야만 자녀가 어머니의 일관된 주장은 자기 힘으로 꺾을 수 없다고 믿어 자신의 고집을 누그러뜨릴 것이다.

그러나, 성격이 강한 자녀에게는 자녀의 재량권을 충분히 주는 것이 좋다. 자녀의 선택이 옳지 않아 보여도 "그래, 이번에는 네가 원하는 대로 한번 해봐. 그 대신 실패하면 다시는 그런 고집 피우면 안 돼!"라고 말하자. 그러면 자녀는 결과가 나빠도 불평하지 않고 점차 고집을 부리면 좋지 않은 결과를 가져온다는 사실을 깨닫게 된다.

또한 칭찬할 때는 "고마워.", "아유, 착하기도 하지." 등의 일반적인 칭찬은 하지 않는 것이 좋다. 아이들은 눈치가 빨라 어머니가 근거 없는 막연한 말로 칭찬하면 '어머니가 나에게 입에 발린 말을 한다'고 생각한다. "우리 진재가 엄마 감기 걸리지 말라고 문 닫아 주었구나? 진재 덕분에 감기 안 걸렸네. 고마워."처럼 아이가 한 일을 구체적으로 칭찬해야 어머니의 칭찬이 진심으로 자기를 칭찬하는 것이라고 받아들이게 된다.

가장 중요한 것은 자식의 타고난 성격이 고집스럽거나 이미 고집이 강화되어 어머니가 다루기 힘들더라도 자녀의 고집을 다 좋지 않게 보고 한 번에 꺾으려는 욕심은 버려야 한다는 것이다. 강한 것은 강한 것을 만나면 부러지지만 부드러운 것을 만나면 같이 부드러워지기 때문에 성격이 강하고 고집 센 아이일수록 부드럽게 대해야 고집을 다스릴 수 있기 때문이다.

자녀의 쓸데없는 고집을 바로잡으려면

- 자녀가 고집을 피울 때, "그렇게 해봤자 소용없어!"라거나 "엄마도 다 해봤다구. 소용없어. 그러니까 그 방법 말고 이 방법으로 해."라고 말하지 않는다.
- "엄마가 지난 번에 그렇게 해보니까 이러저러한 점이 힘들던데?"라고 말해 자녀 스스로 결정하도록 한다.
- 일반적이고 막연한 칭찬 대신 아이가 한 일을 구체적으로 거론하며 칭찬한다.

성장기에는 나이별로 특성이 확연히 다르다. 대화 방식이나 듣는 방식도 다르며 나이별로 실행능력, 사고의 범위도 다르다. 이를 무시하면 성장과정에 맞는 성공지수를 길러줄 수 없다. 그러나 나이별로 아이들이 수용할 수 있는 사고 범위 안에서 부모가 대화를 유도하면 자녀는 적절한 시기에 적절한 사고 확장을 할 수 있어 성공지수를 무궁무진하게 높일 수 있다.
유치원생, 초등학교 저학년생, 초등학교 고학년생, 중 1 · 2년생, 중 3 이상에서 십대 후반의 자녀로 나누어 자녀의 성공지수를 높이는 대화법을 소개한다.

3부

자녀의 나이별로 성공 자의식을 심화시키는 대화법

아이들은 엄마 품을 떠나 유치원, 초등학교, 중학교 등의 새로운 대집단으로 편입되면서 여러가지 성장통을 앓게 된다. 나이별로 신체적, 정신적 변화가 혼란을 주기도 한다. 자녀의 나이에 맞는 부모의 요구, 대응, 대화법을 살펴보자.

유치원생 자녀

'내가 정말 알아야 할 모든 것은 유치원에서 배웠다' 는 말이 있을 만큼 유치원 시기는 성공습관을 길러주기에 적합한 때다. 이 때부터 아이에게 본격적으로 시간관리, 정리, 화해 등의 성공습관을 길러줄 수 있다. 집에서 어리광만 부리던 아이도 가정이라는 소집단에서 유치원이라는 대집단으로 환경을 옮기면 부쩍 성장한다. 아기라는 호칭도 싫어하고 당당히 어린이 대접을 받으려고 한다. 친구들에게 아기처럼 보이지 않으려고 일부러 엄마를 멀리하는 척할 정도로 체면도 중시한다. 따라서 자녀를 성공시키려면 아이의 체면을 존중하고 승자처럼 행동하게 해주어야 한다. 특히 자녀가 남에게 보여주기 싫어하는 모습을 공개해서, 아이가 망신당했다는 기분이 들지 않게 주의해야 한다.

유치원기 아이들의 특징은 겉으로는 어머니로부터 독립한 것처럼 행동하지만 내면으로는 어머니와의 분리를 몹시 두려워한다는 것이다. 그래서 일생을 통해 봐도 이 시기의 아이들이 어머니 말을 가장 잘 듣는다. 따라서 이 때를 놓치지 말고 기본적인 사회 규범과 좋은 생활 습관을 익혀주어야 한다.

무엇보다 부모가 인생의 모델로서 좋은 생활 습관, 긍정적인 사고 방식, 언행의 일치를 보여주는 것이 중요하다. 예를 들어, 자녀에게 "건널목에서는 반드시 파란 불이 켜져야 건널 수 있다."고 가르치고는 아이를 데리고 버젓이 빨간 불이 켜진 건널목을 건너게 되면 자녀는 은연중에 사회적 규범을 우습게 여기는 태도를 익히게 된다. 만약 이런 실수를 했다면 "엄마처럼 어른이 된 후에 지켜야 할 일을 깜빡깜빡 잊지 않으려면, 너 만할 때 잊지 말고 잘 지켜야 한단다." 라고 솔직하게 자신의 잘못을 인정하고 잘잘못을 구분하도록 해주어야 한다.

또한, 이 시기의 자녀는 부모의 모든 것을 닮고 싶어하기 때문에 부모부터 자녀가 되어주기 바라는 훌륭한 사람처럼 말하고 행동해 모범을 보여주는 것이 좋다. 그리고 이 나이의 자녀는 부모의 말을 그대로 배우기 때문에 바른 문장, 바른 발음으로 말하는 데 주의를 기울여야 한다. 만약 존댓말을 가르치고 싶으면 이 나이의 자녀에게는 부모 자신이 존댓말을 사용하는 것이 좋다. 또한 "위험하다."는 말은 "그렇게 하면 다친다.", "하지 마."는 "다른 방법으로 해보겠니?", "안 돼."는 "이렇게 해봐." 등으로 바꾸어 긍정적인 언어를 사용해야 한다.

또한 아이들은 아직 실패에 대한 두려움을 몰라 모든 것을 알고 싶어한다. 이 시기에 부모는 두려움, 절망, 공포 등을 심어주지 않도록 삶이 고달파도 신세타령 하지 말고 "위험하다. 하지 마."라고 무조건 제지하지 말아야 한다. 혹시 아이의 안전이 염려되어도 "안 돼.", "그렇게 하지 말라고 했잖아."라고 겁주지 말고 "원한다면 그렇게 해도 좋아. 하지만 다치면 많이 아플 거야!" 정도로 말해 적절히 도전정신을 길러주어야 한다. 만약 아이가 뜨거운 다리미에 손을 대려고 하거나 베란다 유리창 위로 올라가려고 하면 습관적으로 "안 돼."를 외치기 전에 자녀의 손을 뜨거운 다리미 가까이 대보게 하고 베란다 유리창에서 밖으로 계란을 던져 깨지는 모습을 보여주는 등, 말보다 행동으로 위험을 깨닫게 하는 편이 훨씬 효과가 크다. 부모가 아직 어리다는 이유로 자녀가 결정할 기회를 박탈한다면 아이들은 그 만큼 자립심과 양보심을 기르지 못해 생활 자체만으로도 성공지수를 낮출 수 있다.

그리고 한글, 영어, 발레, 미술, 수영 등등을 너무 무리하게 가르치려고 하면 아이는 그 일을 해내기에도 벅차, 자립심과 양보심을 배우기는커녕 타고난 재능마저 발견하지 못할 수 있다. 사람은 아무리 어려도 자기가 원하지 않는 일을 억지로 하게 되면 불만이 쌓인다. 이 무렵의 아이들은 부모에게 버림받을 것을 몹시 두려워하기 때문에 불만을 표현하지는 못하지만, 불만이 생기면 저절로 소멸되지 않아 내면에 고스란히 쌓이게 된다. 그렇게 쌓인 불만은 부모에게 독립할 나이가 되면 폭발하게 된다. 이 때 쌓인 불만은 사춘기에 터진다. 어릴 때 순종적이던 자녀가 청소년기에 격렬하게 반항하는 것도 그 때문이다. 따라서 이 때는 너무 많은 것을 배우게 하려고 욕심내지 말고 적어도 스스로 장난감을 고를 권리, 친구와의 놀이 방법을 선택할 권리, 얼마간 혼자서 놀 수 있는 권리 정도는 보장해줘야 한다.

앞서 소개한 바와 같이 유치원생 아이들의 또 하나의 특징은, 유난스레 호기심이 왕성해 질문이 많다는 것이다. 이 때 부모가 어떻게 대답하느냐에 따라 아이의 지적 능력과 학습 의욕, 창의성 등이 크게 좌우되고 그것들이 성공지수를 높이거나 낮추는 요인이 된다.

유치원생 자녀의 성공지수를 높이려면

- 자녀가 남에게 알리기 싫어하는 일을 공개해 아이의 체면이 손상되지 않도록 주의한다.
- 부모가 성공습관을 먼저 실천해 자녀가 본받을 수 있게 한다.
- 부모가 자녀 앞에서 규범을 어기면 먼저 자신의 잘못을 밝히고 옳은 것과 그른 것을 구분지어 설명한다.
- "안 돼! 하지 마." 등의 말로 아이의 도전 정신을 함부로 꺾지 않는다.
- 너무 많은 학원 수강 등으로 아이의 자유를 억압하지 말고 최소한의 권리는 보장해준다.
- 부모가 먼저 바른 문장, 바른 발음으로 말한다.

초등학교 저학년생 자녀

아이가 초등학교 저학년이 되면 어느 정도 인지가 발달해 자기 감정 조절 능력이 생긴다. 스스로 시간 관리도 할 수 있다. 이 시기의 가장 큰 특징은 거짓말을 할 수 있다는 것이다. 특히, 현실과 상상을 구분하지 못해 환상을 현실인 것처럼 말하는 거짓말을 하기 쉽다. 또한 아직 뒷일까지 생각할 능력이 없어 당장 눈앞의 처리하기 어려운 일을 모면하기 위해 고의적인 거짓말도 한다. 따라서 이 시기에는 거짓말 습관이 자리잡지 않도록 특별히 신경써야 한다.

하지만 이 시기의 거짓말은 어른의 거짓말과는 차원이 다르기 때문에 거짓말 한 번에 지나치게 호들갑을 떨며 "어린 것이 벌써부터 거짓말을 하다니!" 하며 소리를 질러 놀라게 하는 것은 좋지 않다. 아이들은 어머니가 모욕적인 말을 하거나 심한 체벌을 가할수록 그것을 모면하려고 더 교묘한 방법으로 거짓말을 발전시킬 수 있기 때문이다. 만일, 자녀가 현실과 상상을 구분하지 못해 거짓말을 했다면 야단치기 전에 현실과 상상을 구분하도록 "동화는 실제 일어난 일이 아니라 일어났으면 하고 바라는 이야기들이야."라고 알아 듣기 쉽게 설명해주고 "상상을 실제로 일어난 일인 것처럼 말하는 것은 거짓말이 된단다. 거짓말이란 친구도 사귈 수 없게 하고 부모도 미워하게 만드는 무서운 것이야!" 라고 분명히 일깨워줘야 한다.

부모가 너무 예민하게 화를 내며 자녀를 위축시키면 그에 대한 반발심이 생겨 오히려 거짓말 습관이 굳어지거나 자기 의사를 분명하게 표현하지 못하게 만들 수 있으니 조심해야 한다. 자녀가 거짓말을 담담하게 하면 "왜 그런 거짓말을 했지?"라고 물어 거짓말한 원인을 알아내고 제거해주면서 거짓말이 왜 나쁜지 설명해주어야 한다.

자녀가 곤란한 일이나 힘든 일을 피하려고 거짓말을 했더라도 어른의 거짓말처럼 죄악시하는 것은 금물이다. 고의적인 거짓말은 따끔하게 야단을 쳐서 되풀이되지 않도록 해야 하지만 죄책감이 생기도록 "이 거짓말쟁이 같으니라구" 등의 말로 모욕을 주면 아이의 반항심만 키우게 된다. 가능한 한 자녀의 자존심을 상하게 하지 않도록 "거짓말은 정말 나쁜 거야. 이번에는 네가 모르고 한 것 같으니까 용서해주지만 다음에는 안 돼. 만약 다시 거짓말을 하면 일주일간 외출 금지야."라고 부드럽지만 구체적인 벌칙 내용 등을 밝혀 말하는 것이 좋다. 자녀가 거짓말을 하면 한 번은 용서해주고, 계속 거짓말을 되풀이하면 적당히 넘어가지 말고 약속한 벌칙대로 벌을 주면 거짓말을 하지 않도록 할 수 있다.

초등학교 저학년생 자녀들은 감정 조절 능력이 부족해 자주 싸우고 다툰다. 힘이 센 아이는 친구들을 때려서 말썽이고 힘이 약한 아이는 걸핏하면 맞아서 걱정이다. 그러나 이 시기의 아이들이 싸우는 것은 자연스러운 성장 과정이기 때문에 어머니가 무조건 "싸우면 안 돼.", "너는 누굴 닮아서 성격이 그렇게 못됐니?", "사내 녀석이 번번이 맞고 들어와서야!" 등의 말로 모욕하지 말아야 한다. 어머니의 그런 말은 자녀의 기를 죽여 자신감만 잃게 할 것이다.

또한 싸운 원인을 해소해주지 않고 무조건 싸움을 죄악시하면 자녀가 어머니에게 자기 생각을 털어놓기를 꺼리게 된다. 따라서 친구나 형제간에 자주 싸우고 다투어도 먼저 야단치지 말고 해결 방법에 대해 서로 대화를 나누는 것이 좋다. 자녀가 사소한 일로 화를 내거나 친구들의 장난조차 받아들이지 못해 싸웠을 때도 "너는 왜 그렇게 치사해?"라고 자존심을 깎아내릴 것이 아니라 "누가 너한테 기분 나쁘게 한 모양이구나?"라고 말해서 어머니만은 자신의 기분을 이해한다는 느낌이 들도록 말해야만 자녀와의 대화 채널이 닫히지 않는다.

초등학교 저학년 아이들은 유치원 때와 마찬가지로 부모의 표정과 몸짓에 민감하기 때문에 부모가 사소한 일로 무서운 표정을 짓거나 이유 없이 우울한 표정을 보이는 것도 좋지 않다. 이 나이의 어린이들은 어머니의 표정을 보고 나름대로 부모가 자기에게 주는 메시지를 읽는다. 따라서 가급적 편안한 표정과 자세로 대화를 나누도록 노력해야 한다. 자녀가 엉뚱한 말을 하거나 너무 유치한 말을 해도 비웃지 말고 진지하게 "저런, 그래서 화가 났구나. 엄마도 화가 날 것 같은데? 하지만 만약 친구가 너처럼 화를 내면 네 기분이 어떨 것 같니?"라고 물어 자녀가 존중받는 느낌을 갖도록 하는 것이 좋다.

초등학교 저학년 아이들은 아직 시간 개념이 확실치 않다. 그래서 아침마다 기상 시간을 두고도 어머니와 "조금만 더 자게 해주세요."

하며 실랑이를 벌인다. 게다가 화장실 들어가서 30분, 옷 갈아 입는 데 30분, 책 가방 챙기는 데 또 30분…… 하는 식으로 느리게 움직여서 어머니들의 속을 태운다. 성질 급한 어머니는 "제발 빨리빨리 움직여라." 하며 발을 동동 구를 것이다.

그러나 이 시기의 자녀들은 이런 부모의 간섭에서 벗어나고 싶은 심리를 가지고 있다. 따라서 어머니가 자신의 개성을 무시하고 어머니 스케줄에 맞추어 움직이도록 하면 더 꾸물거리면서 어머니를 불편하게 만들기 쉽다. 따라서 자녀의 늦잠자는 버릇은 차라리 지각을 해서 선생님께 야단을 맞아 고치도록 놔두는 것이 낫다. 준비가 느리다고 어머니가 대신 해주지 말고, 준비가 빠른 날은 크게 칭찬해주고 늦은 날은 그저 무심하게 넘기는 것이 좋다. 꾸물거리는 아이를 다그치지 않고 바라만 보는 것도 힘들겠지만, 이 나이의 아이들은 어머니가 참견할수록 태도 변화를 하지 않으려고 하기 때문에 참아야 한다.

초등학교 저학년생 자녀의 성공지수를 높이려면

- 거짓말이 습관화되지 않도록 한다.
- 친구나 형제간의 싸움을 죄악시하지 않는다.
- 부모의 좋지 않은 몸짓 언어로 자녀가 불안해하지 않도록 주의한다.
- 시간 개념을 익혀준다.

초등학교 고학년생 자녀

요즘 아이들은 성장이 빨라 초등학교 고학년 때부터 사춘기 징후를 보이는 경우가 많다. 사춘기의 가장 큰 특징은 부모와의 대화 단절이다. 그래서 이 나이 때부터 갑자기 부모 말에 토를 달거나 대화를 회피하면서 친구하고만 대화하는 일이 생긴다.

어머니가 궁금해서 "친구랑 무슨 할 말이 그리 많으냐?"고 물어보아도 "엄마는 몰라도 돼요."라고 싹 무시한다. 이 시기는 이미 상당히 많은 습관들이 굳어진 상태이기 때문에 나쁜 습관은 고치고 좋은 습관은 무너지지 않도록 북돋워주어야 한다. 그러나 이미 굳어진 습관을 억지로 바꾸려고 하면 거부감이 일기 때문에 서서히 계획을 세워 바꿔줘야 한다.

앞서 말했듯 사춘기의 가장 큰 특징은 부모와의 분리를 시도하는 것이다. 억지로 대화를 하려고 하면 부모가 분리를 방해하는 것으로 받아들여 오히려 대들거나 어깃장을 놓을 수도 있다. 사춘기가 되면 많은 아이들이 부모로부터 친구로 애정이 옮겨가 친구와는 하루 종일 통화를 하고도 할 말이 많지만 부모와의 대화는 잠시라도 답답해하고 숨 막혀 한다. 게다가 사춘기는 이성에 눈을 뜨는 시기라 이성 친구라도 생기면 부모의 간섭을 피하려고 숨어서 만나고, 숨어서 통화하고 싶어한다. 따라서 자녀의 일에 너무 간섭하면 자녀는 부모와 더 많은 거리를 두려고 더욱 좋지 않은 습관을 만들 수 있다.

초등학교 고학년쯤 되면 아이들은 점차 자아가 싹트고 타인을 비판하는 눈이 생겨 부모를 냉정하게 평가하기 시작한다. 그래서 부모가 학교에서 배운 것과 다르게 행동하면 더 날카롭게 비판하고 부모가 비판을 수용하지 않고 억지를 쓰면 무시의 대상이 된다. 또한 부모가 자신을 통제하려고 협박을 하면서 정작 부모는 말대로 실천하지 않으면 냉소적으로 변할 수도 있다. 따라서 이 나이의 자녀에게 성공지수를 높여 주려면 자녀의 행동이 마음에 들지 않아도 협박을 삼가고 부모가 행동으로 모범을 보여야 한다.

특히 부모가 사춘기가 시작된 초등학교 고학년생 자녀를 다루기 어려운 이유는 '이유 없는 반항' 때문이다. 그러나, 알고보면 이유 없는 반항은 없다. 부모에게는 이유가 없어 보이지만 자녀 나름대로는 다 반항할 만한 이유가 있다. 초등학교 고학년 자녀들이 부모에게 반항하는 가장 큰 이유는, 자신은 부모의 간섭 없이 스스로 결정할 만큼 충분히 성장했다고 믿는데 부모는 여전히 어린 아이로 취급하고 사사건건 간섭하는 것이다. 따라서 이 시기 자녀에게는 어린애 취급하며 일일이 간섭하지 않는 것이 좋다.

부모 입장에서는 '아직은 어린애에 불과하다'는 생각을 버리기 힘들겠지만 이 나이의 자녀는 부모와의 일정한 간격을 원한다. 그래서 부모의 방해로 충족되지 않은 욕구가 있거나, 자기가 처한 상황이 마음에 들지 않거나, 자기 마음대로 될 줄 알았던 일이 잘 안 풀리면 모든 것을 부모 탓으로 돌려 대화를 끊으려고 하는 특성을 가지고 있다. 따라서 이 시기의 자녀에게는 간섭을 줄여야 반항심이 줄어 성공지수를 높여줄 수 있다.

초등학교 고학년쯤 되면 자아가 형성돼 부모일지라도 자기가 싫으면 타인의 방식을 거절할 권리가 있다고 믿는다. 그러므로 자녀의 자율성을 존중하고 항상 대화의 길을 열어두어야 자녀에게 부모가 원하는 교육을 시킬 수 있다. 그렇다고 해서 자녀의 모든 요구를 들어주라는 말은 아니다. 이 나이의 아이들도 자기 생각에는 다 자란 것 같지만 아직은 미숙하기 때문에, 하지 말아야 할 기본적인 일은 통제해야 한다. 그러나 통제 방법이 이성적이어야 한다.

부모도 사람이기 때문에 초등학생 자녀가 반항하면 감정이 실린 처벌을 내리기 쉽다. 그러나 어떤 경우에도 부모의 감정적인 처벌은 자녀를 통제하지 못한다. 대화만 단절시킨다. 더군다나 이 시기의 대화 단절은 앞으로 중 · 고등학교 시절까지 이어지므로 매우 조심해야 한다.

초등학교 고학년이 되면 아이들의 과반수 정도가 내 생각, 다른 사람 생각, 그리고 사회적인 가치의 관계를 이해할 수 있다. 그리고 아이들 자신도 타인의 입장을 배려할 줄 알게 되고 자신의 마음을 이해해주는 아이들과 친해지려고 한다. 따라서 이 시기의 자녀에게는 어머니가 자녀의 입장을 이해하는 자세만 보여주어도 대화 채널을 막지 않고 자녀에게 올바른 가치관을 심어주어 성공지수를 높여줄 수 있다.

초등학교 고학년생 자녀의 성공지수를 높여주려면

- 자녀의 자율성을 존중하고 항상 대화의 길을 열어둔다.
- 자녀의 모든 요구를 들어주지 말고 들어줄 수 없는 일은 반드시 이해시키고 통제한다.
- 어린애라고 무시하지 말고 인격을 존중한다.

중학교 1, 2학년생 자녀

중학교 1, 2학년이 되면 초등학교 고학년부터 시작된 사춘기 증세가 더욱 심화된다. 늦되는 아이들도 이 때는 사춘기의 특징이 확연히 나타난다. 그 결과, 이성 문제가 전면에 드러나고 성적 욕구가 강해지면서 음란물을 가까이 하기 쉽다. 그러므로 이 시기는 부모와의 갈등 요인이 부쩍 많아진다.

초등학교 때까지 고분고분하던 자녀도 이 때부터는 사사건건 반항할 수 있다. 중학교에 올라오면 공부 양도 많아지고 성적이 더욱 중요해져 어머니는 최대한 자식 공부 방해 요소를 근절시키려고 한다. 그래서 이성 친구가 나타나 자녀의 공부를 방해한다고 생각되면 분노하게 된다. 그러나 자녀는 성호르몬의 왕성한 활동으로 부모가 방해해도 이성에게 관심이 쏠린다. 그리고 부모가 이성에 대한 관심을 부정적으로 보면 부모와의 대화 채널을 매몰차게 닫아버린다. 인생을 바꿀 만한 사건들을 일으키기도 한다. 자녀의 성공지수를 높여주려면 힘들어도 이 시기의 자녀와는 대립하지 않고 내버려두는 것이 좋다.

사람은 이팔청춘이라고 말하는 16세를 전후해 성호르몬 활동이 활발해진다. 발달 심리학자인 에릭 에릭슨은 “청소년기에 이성 간의 애정 관계에 집중하는 것은 인간 발달의 지극히 정상적인 단계로, 청소년기에 이성과의 관계를 적절히 발전시키지 못하면 고립감을 느껴 심리가 불안정해질 수 있다."고 말한다.

따라서 부모가 이 시기 자녀의 이성 교제를 억지로 방해하거나 너무 간섭하면 자녀의 일탈행동을 불러올 수 있다. 자녀의 이성 교제가 마음에 안 들어도 자녀가 방해받는다는 느낌을 갖지 않도록 요령껏 방해해야 한다. 일단은 이성 교제를 인정해주고 "엄마는 네가 이성 친구를 사귄다고 해서 공부를 소홀히 할 거라고 생각은 안 해. 그렇지만 만약 성적이 떨어지면 엄마도 이 문제를 심각하게 받아들일 수 있으니까 이러이러한 것은 지켜줄래?" 하고 먼저 조건을 제시해 반발하지 않도록 하는 것이 좋다.

조건은 이성 친구를 사귀어도 공부나 일상 생활에 지장을 초래하지 말 것, 일주일에 며칠 정도만 이성 친구를 만날 것, 그 시간에 못한 공부는 어떤 방법으로 보충할 것인지 등으로 하고 협상해주는 것이 좋다. 협상 후 자녀가 협상 내용을 제대로 준수하지 않는다면 이성 교제를 막아도 반발할 수 없을 것이다.

이 시기 자녀들의 또 다른 특징은, 초등학교 때까지 신체적으로 왕성하게 자라며 에너지가 넘치다가 점차 성장이 둔화되면서 신체 에너지가 성장 에너지로 바뀌어 갑자기 몸을 움직이기 싫어하게 된다는 점이다. 그 때문에 이 시기의 아이들은 방이나 주변 정리도 하지 않고 게으름에 빠질 수 있다.

자녀의 이러한 신체적 특성을 고려하지 않고 "왜 이렇게 게으르냐?"고 야단만 치면 자녀는 부모에게 이해받지 못한다는 느낌 때문에 반발심이 생겨 부모 말을 잘 안 들으려고 한다.

또, 이 때는 사생활을 매우 중요시하기 때문에 어머니가 자기 방을 함부로 드나들며 대신 청소해주는 것도 달가워하지 않는다. 자신이 공개하기 싫은 물건들을 어머니가 만지거나 뒤지면 때로 어머니를 몰상식한 사람 취급을 하기도 한다. 따라서 자녀가 방을 치우지 않는다고 해서 자녀의 동의 없이 방을 치워주지 말고 스스로 알아서 치울 때까지 기다리는 것이 좋다.

이 시기의 아이들은 수많은 미디어와 자극적인 기기들에 둘러싸여 산다. 그래서 공부를 하면서 음악도 듣고 컴퓨터 채팅까지 한다. 부모는 이런 자녀의 행동을 이해할 수 없어 "도대체 공부를 하는 거냐? 음악을 듣는 거냐?" 하며 잔소리를 하게 된다. 자녀는 부모의 잔소리가 고리타분하다고 생각해 "학교에서 하루 종일 공부하고 오는데 집에서는 좀 쉬어야죠."라고 따진다.

그런 식으로 자기 할 말은 다 하면서도 "도대체 나는 부모님과 말이 안 통해."라고 투덜거리고, 부모에게는 절대 속마음을 털어놓지 않고서도 부모를 답답하고 말이 통하지 않는 사람 취급하곤 한다. 그래서 마치 청개구리라도 된 듯 부모의 지시를 어기고 엉뚱하게 행동하기도 한다.

부모로서는 인내심을 테스트받는 기분일 것이다. 그래서 대부분의 부모들이 사춘기 자녀를 기르기는 특별한 비결이라도 있으면 좋겠다고 하소연한다. 사실, 비결은 매우 간단하다. 자녀의 행동이나 말투를 일일이 꼬투리잡지 말고 사소한 일은 대범하게 눈감아 주면서 기다리는 것이다.

부모가 이 시기 자녀의 성장 단계별 특성에 맞게 자립심을 인정하고 간섭하지 않으면 사춘기를 심하게 앓던 아이들도 머지 않아 알아서 털어내고 부모 곁으로 돌아온다. 그 때까지 기다려주는 것이 부모로서 가장 현명한 대응인 것이다.

중학교 1, 2학년생 자녀의 성공지수를 높이려면

- 자녀의 성적 호기심을 자연스러운 것으로 받아들인다.
- 이성 교제를 무조건 막기보다 이성 교제를 하되, 지켜야 할 약속을 정해 지키도록 한다.
- 대신, 약속이 지켜지지 않으면 교제를 막는다.
- 방을 정리하지 않으면 잔소리하며 치워주지 말고 스스로 치울 때까지 기다린다.
- 자녀의 동의 없이 아이의 물건에 손대지 않는다.
- 공부와 동시에 채팅이나 음악 감상 등을 즐기는 것에 대해 무리하게 통제하지 않는다.

중학교 3학년생부터 십대 후반의 자녀

아이들은 중3 정도부터 십대 중·후반의 나이가 되면 부모로부터 완전한 성인으로 대접받고 싶어한다. 미래보다 현재를 중요시하여 미래를 위해 지금 노력하라는 부모의 잔소리에도 불구하고 현재를 즐기려고 부모와 신경전을 벌인다. 요즘 아이들은 풍부한 놀잇감과 즐길만한 경제적 여유도 있어 부모의 '미래 준비'에 대한 외침은 별로 와 닿지도 않는다. 그래서 이 시기의 부모와 자녀 사이에는 미래를 위한 투자인 공부에 몰두하라는 부모의 성화와, 이를 무시하고 현재의 쾌락에 집중하려는 자녀 사이에 끊임없는 갈등이 전개된다.

이 시기 아이들은 머리로는 가장 도덕적이고 이성적인 사고를 갖게 되지만 행동은 쾌락을 좇아 부모가 이해할 수 없는 행동을 하기 쉽다. 그래서 부모는 자녀가 쾌락에 젖어 잘못될까 봐 더 많은 잔소리를 하게 된다. 그러나 십대 아이들은 어느 정도 자아가 완성되어 부모와 자신의 관계를 종속적으로 보지 않고 대등하게 보기 때문에 부모의 이런 요구는 무조건 거부한다. 부모를 경쟁상대로 보고 부모를 이기려고 부모의 잔소리를 일부러 무시하기도 한다.

따라서 이 때는 지금까지 하던 잔소리를 반 이상 줄이는 것이 좋다. 말투도 "이렇게 하면 어떻겠니?", "그렇게 해주면 고맙겠다." 등으로 바꾸어 부모가 자신을 대등한 인격체로 인정해준다는 느낌을 주어야 반발하지 않고 협조적인 태도를 갖게 할 수 있다.

이 시기 아이들의 고민은 정신적으로는 부모로부터 독립했지만 현실적으로는 아직도 부모에게 생계를 의존해야 하는 처지라는 것이다. 이러한 고민은 매사에 냉소적인 태도를 낳는다. 부모의 보살핌을 고마워하기보다 “그 정도 가지고 생색을 내기는?” 하며 치사하게 받아들일 수도 있다. 따라서 이 나이의 자녀에게는 가급적 과잉 친절을 베풀지 않는 것이 좋다. 예를 들면, 자녀가 새 컴퓨터를 사달라고 조르면 곧바로 사주지 말고 시간을 끌다가 사주고 용돈도 원하는 액수의 80% 정도만 주어 여전히 부모에게 종속되어 있음을 깨닫게 하는 것이 좋다. 그러나 너무 생색을 내거나 자녀가 지칠 때까지 사주지 않으면서 애를 태우게 하면 역효과를 가져올 수 있으니 약간의 긴장감만 주는 것이 좋다.

막 자기 정체성 찾기를 시작한 이 시기의 아이들은 부모가 너무 사소한 일을 꼬치꼬치 묻거나 사생활을 캐내려고 하면 부모가 자신을 어린애 취급한다고 판단해 부모에 대한 짜증과 불평이 심해진다. 부모가 말을 걸면 단답형으로 간단하게 대답하거나 신경질적으로 대꾸하기도 한다. 예를 들어 “내가 나 잘 되려고 그러는 줄 아니? 다 너 잘 되라고 그러는 거지.”라거나 “내가 남이라면 그런 말 하겠니? 네가 내 자식이니까 그렇게 말하는 거지.”라고 말하면 “나 위해서는 무슨! 돌려 받으려고 그러는 거지.”라고 냉소적으로 해석할 수 있다.

따라서 부모 자신이 ‘자식을 사랑한다는 사실만으로 행해지는 부모의 모든 행동이 정당한 것은 아니다’는 사실과 사랑이란 일방적으로 퍼부어준다고 해서 전달되는 것이 아니라는 것을 인정해야 한다.

십대 중 · 후반 정도의 자녀에게는 일방적으로 사랑을 퍼붓지 말고 자녀가 달라고 하는 만큼의 사랑만 주는 것이 현명하다. 그리고 "너는 왜 그 모양이니?", "누굴 닮아 그렇게 게으르니?" 등의 비난과 인격을 손상시키는 말, "됐어, 알아서 해." 등의 빈정대는 말 등은 절대 삼가야 한다. 사춘기 막바지까지는 그 모든 불만을 미친 사람처럼 쏟아내고 성인으로 성장해가는 시기이므로 "저러다 무슨 사고라도 치는 건 아닐까?" 싶어도 웬만하면 건드리지 말고 스스로 이겨내도록 지켜보는 것이 자녀가 곧 제자리로 돌아와 성공지수를 높이도록 하는 최선의 방법이다.

또 이 때는 부모와 대등한 관계가 되기를 원하기 때문에 자기도 한 가지쯤은 부모보다 잘하는 것이 있어야 한다고 믿는다. 따라서 부모가 십대 문화를 모두 '아는 척' 하는 것도 좋지 않다. 예를 들어, 아들이 좋아하는 최신 랩을 따라 부른다든가 하여 아이의 기를 죽이지 말라는 것이다. 자녀가 모처럼 부모에게 뽐내려고 랩을 배웠는데 부모님이 자기보다 더 능숙하게 따라 부르며 아는 척하면 자녀는 뽐내려던 계획이 어긋나 실망하게 된다. 이럴 때는 "와, 랩은 진짜 배우기 어려운데 넌 정말 잘 부른다." 정도로 적당히 칭찬해주는 것이 좋다. 가끔은 "휴대폰 문자 보내기가 어려운데 네가 좀 가르쳐줄래?" 하며 자녀가 부모보다 잘하는 것이 있다는 것은 인정해주면 아이는 한결 더 친근한 태도를 보여줄 것이다.

사실, 십대 자녀를 둔 부모들도 대부분 십대 못지 않은 내적 갈등이 많은 사십대들이다. 그런 사십대 부모에게는 무조건 십대의 특성을 이해하고 노력하라고 말하는 것이 잔인하게 들릴 수 있다. 그러나 사십대 부모가 자기 고민에 충실하고 십대 청소년을 자신이 원하는 대로 하도록 내버려두면 부모, 자녀 모두 편해질 것이다.

자녀의 툴툴거림과 반항은 부모를 무시하려는 것이 아니라 부모로부터 떨어져 독립하려는 몸부림임을 이해하고 부모 자신이 열심히 사는 모습을 보여주면 스스로 성장통을 겪고 열심히 사는 법을 터득할 것이다.

중학교 3학년 이상 십대 후반 자녀의 성공지수는 부모가 건드리지 않고 하고 싶은대로 하도록 최대한의 자율권을 주면서 인격을 존중해줄 때 높아진다.

중학교 3학년생 이상, 십대 후반 자녀의 성공지수를 높여주려면

- 잔소리를 절반 이상 줄이고 부모와 대등한 인격체로 대한다.
- 자녀에게 잘해 준 일로 생색내지 않는다.
- 자녀가 부모보다 잘하는 일이 있다는 것을 느끼도록 해준다.
- 자녀가 모든 갈등을 혼자 해결하고 스스로 제자리로 돌아올 때까지 간섭하시 않고 지켜반 볼 필요가 있다.

습관과 태도는 일상생활 속에서 굳어진다.
일상생활의 태도와 습관만 바꾸어도 저절로 성공지수를 높일 수 있는 것이다.
부모가 자녀를 어떻게 대하는지, 어떤 말로 마음을 주고 받는지에 따라 자녀의 일상적인 습관과 태도가 변할 수 있고 부모가 의도적으로 항상 성공지수를 높일 수 있는 방법으로 자녀를 대하면 별도의 노력 없이도 자녀를 성공시킬 수 있다.
지금부터 그 실행방법을 12단계로 나누어 살펴 본다.

4부

자녀의 마음을 열어 성공지수를 높여주는 대화 실행 12단계

1단계

자녀의 보디랭귀지를 읽어라

생각은 단지 말을 통해서만 전하는 것이 아니라 몸과 표정, 태도 등 보디랭귀지로도 전할 수 있다. 앨버트 메르비안 같은 사회학자는 "인간은 말로 7%, 몸으로 93%의 생각을 전한다."고 주장한다. 그래서 자녀의 속마음을 읽으려면 자녀의 보디랭귀지를 읽어야 한다.

자녀들에게도 부모에게 감추고 싶은 일들이 많다. 친구들에게 왕따를 당하거나 돈을 빼앗길 때도 있다. 그러나 후환이 두렵거나 자존심이 상해 어머니에게 속사정을 털어놓을 수 없게 된다. 학원 수업을 빼먹었거나 돈을 훔쳤거나 하는 잘못을 저지르거나, 형편 없는 성적표를 받으면 야단 맞을까 봐, 또는 부모님 걱정하실까 봐 숨기고 싶을 수도 있다. 그러나 부모가 자녀가 숨기는 일을 모르고 지나치면 자녀는 혼자 문제를 해결하려다 더 나쁜 길로 빠져들 수도 있다. 그러므로 부모는 자녀의 보디랭귀지를 읽을 줄 알아야 한다.

자녀의 얼굴이 유난히 창백하고 어두워 보이면 "별 일 아니에요."라는 말만 믿지 말고 "무슨 일인지 말해 봐." 하고 구슬려서 고민을 털어놓게 한 다음, 함께 해결 방안을 찾는 게 좋다.

사람은 거짓말을 하거나 걱정거리를 숨기면 눈동자가 불안하게 움직이고 상대방의 눈을 똑바로 쳐다보지 못한다. 다리를 떨거나 손으로 입을 가리기도 한다. 따라서 부모가 적시에 자녀의 보디랭귀지를 읽으면 적절히 도움을 주어 자녀의 고통을 해소하고 성공의 길을 걷게 해줄 수 있다.

2단계

자녀의 앵무새가 되라

자녀가 마음을 열고 부모의 생각을 받아들이게 하려면 부모가 자녀의 수준에서 듣고 말할 줄 알아야 한다. 그렇게 하는 것이 어렵게 느껴질 수도 있지만 자녀가 한 말을 어머니가 앵무새처럼 따라 하는 것만으로 큰 효과를 볼 수 있다. 예를 들어, 아이가 집으로 돌아오자마자 "오늘 내 짝이 재수 없게 굴었어."라고 툴툴대면 "왜?"라고 묻는 대신 "짝이 재수 없게 굴었구나."라고 따라 하면 자녀는 '엄마가 내 기분을 이해한다' 는 느낌을 받는다.

자녀는 부모가 자기 기분을 이해한다고 생각하면 저절로 마음을 연다. 오늘부터 당장 자녀가 "오늘은 정말 재수가 없었어. 버스가 내 옷에 흙탕물을 튀기고 지나갔거든!"이라고 말하면 "오늘 정말 재수가 없었구나."라고 말하라. "뭐 그런 걸 가지고 그러니?"라고 말하는 것과는 전혀 다른 반응이 올 것이다. 이 방법은 자녀와의 대화가 서툰 부모들도 쉽게 실천할 수 있다. 자녀가 당하는 고통이 크고 심각할수록 부모가 자녀의 말을 앵무새처럼 따라 하면 자녀에게는 큰 위로가 된다.

3단계

자녀의 감정을 중계방송하라

어머니가 자녀의 감정을 살펴주는 것도 자녀의 마음을 위로하는 좋은 방법이다. 예를 들어, 자녀가 학교에서 잔뜩 심통 난 얼굴로 돌아오면 "오늘은 우리 딸 기분이 안 좋아 보이네. 굉장히 화 나는 일이 있었던 것 같은데?"라고 아이의 기분 상태를 중계방송하듯 말하면 자녀는 어머니가 자신의 감정을 이해한다고 생각해 화난 이유를 설명하고 싶어진다.

사람은 화가 난 이유를 이야기 하는 것 만으로도 화가 풀린다. 자녀가 방 정리를 하지 않을 때 "왜 점점 게으름을 피우니?"라고 비난하지 말고 "우리 딸이 오늘은 방 청소할 기분이 아닌 것 같네. 엄마가 어떻게 해주면 기분이 풀릴 것 같니?"라고 딸의 감정을 중계방송하듯 말하면 딸은 어머니에게 미안해져서 자발적으로 방을 치울 것이다.

부모와 대화를 하고 싶어하지 않는 사춘기 자녀들도 어머니가 자기 기분을 이해해주면 어머니에게 자신의 복잡한 심경을 털어놓고 싶어진다. 따라서 사춘기 아들이 쿵쾅거리고 다니면 "너, 도대체 왜 그래?"라고 말하지 말고 "엄마한테 화났구나?" 또는 "기분 안 좋은 일이 있었니?" 하고 아이의 감정을 중계방송하듯 말하면 자녀의 태도가 금세 바뀌게 된다.

4단계

마음을 움직일 만한 매력을 보여주어라

언젠가 대중 목욕탕에서 신체의 절반을 사용하지 못하는 시어머니와 그 며느리가 대화를 나누는 장면을 본 적이 있다. 며느리는 시어머니의 등을 밀어 드리며 "우리 어머니는 어쩌면 이렇게 곱게 늙으셨는지 몰라. 나도 우리 어머니처럼 늙을 수 있다면 얼마나 좋을까?"라고 다정스레 말했다. 그 날 이후, 그녀는 거의 매주 시어머니를 모시고 목욕탕에 나타났다. 가끔은 때 미는 아주머니에게 시어머니를 맡겼지만 그 때도 자리를 뜨지 않고 시어머니 얼굴에 수건을 대주며 자리를 지켰다. 그 며느리는 "'시' 자가 들어간 것은 '시금치' 도 싫다."는 요즘 며느리들과 너무나 대조적이었다.

사실 며느리가 시어머니를 진심으로 극진히 모시기는 말처럼 쉽지 않은 일이다. 친정 어머니와 달리 시어머니가 하는 말은 같은 말도 달리 해석되기 때문이다. 사람의 관계란 부모와 자식처럼 생태적으로 가까운 관계가 있고 고부간처럼 가까워지기 어려운 관계도 있다. 이처럼 서로 가까워지기 어려운 고부간에도 시어머니가 그 동안 며느리에게 어떻게 감정 투자emotional investment를 했는가에 따라 좋은 관계가 될 수 있다. 이 감정 투자를 어떻게 하느냐에 따라 둘도 없이 가까운 사이인 부모 자식의 관계가 남보다 못한 사이가 되는가 하면 고부간이 친부모와 자녀 사이보다 더 가깝게 될 수도 있는 것이다.

부모가 아무리 "다 너를 사랑해서 하는 일이야.", "남이라면 이렇게 말하지도 않아!" 하고 말해도 자녀의 마음이 움직일 만한 매력을 주지 못하면 자녀에게는 잔소리에 불과하다. 따라서 자녀의 마음을 움직이려면 자녀가 자발적으로 끌려올 만한 매력적인 부모가 되어야 한다.

부모가 돈이 많거나 지식이 풍부해야 자녀의 성공지수를 높여줄 수 있는 것은 아니다. 매사에 자식의 입장에 서서 원인을 찾아 대화로 해결함으로써 자녀에게 매력을 느끼게 해, 마음이 끌려오게 해야 성공지수를 높여줄 수 있는 것이다.

5단계

결론은 자녀가 내게 하라

'부모는 자식을 마음대로 조종해도 된다'는 사고를 갖기 쉽다. 그러나 인간은 상대가 부모일지라도 종속적인 관계는 거부하고 싶어 한다. 따라서 자녀에게 지배당한다는 느낌을 주지 말아야 한다.

그러려면 항상 결론은 자녀가 내도록 하는 것이 좋다. 예를 들어 아이가 컴퓨터 게임에 빠져 공부를 제대로 하지 않으면 "도대체 언제 공부하려고 그래? 당장 컴퓨터 끄고 공부해."라고 어머니가 결론을 내리지 말고 "공부는 안 하고 컴퓨터만 하면 어떻게 될까?", "컴퓨터를 하면서도 성적이 떨어지지 않으려면 어떻게 해야 할까?"라고 말하고 자녀가 "그럼 컴퓨터를 조금만 해야겠네요."라고 결론을 내게 하는 것이다. 만약, 형제간의 싸움이 잦아 고민이라면 "너는 형이면서 동생을 돌보지 않고 싸움을 하니? 당장 그만두지 못해? 그 장난감 빨리 동생한테 줘."라고 부모가 결론 내지 말고 "형은 동생에게 어떻게 해줘야 하는 사람일까?", "동생이 말을 안 들을 때는 형이 어떻게 해야 말을 잘 들을까?"라고만 말해 "형이니까 양보해야지요."라고 스스로 결론을 내게 한다.

지금 당장이라도 부모가 미리 결론 내지 않고 자녀에게 결론을 내리도록 하면, 자녀의 닫힌 마음이 열려 부모가 원하는 성공의 길로 들어설 것이다.

6단계

안 되는 것은 끝까지 안 된다고 하라

한국의 어머니들처럼 "한 번만 더 먹자!" 하고 밥 안 먹겠다는 자녀 뒤를 졸졸 따라다니는 어머니들도 없을 것이다. 우리나라 어머니들은 유달리 자녀에게 약해 아이들이 무엇을 사달라고 떼를 쓰면 당장은 "돈이 없어서 안 돼."라고 거절하고도 자녀가 밥을 굶거나 말을 안 하며 졸라대면 "알았어, 사줄 테니 이제 밥 먹어."라고 결국 항복하는 경우가 많다. 그러나 자녀에게 한 번 "안 된다."고 말해놓고 부모가 그것을 지키지 않으면 자녀는 부모를 우습게 본다.

자녀를 억압하지 않고 의견을 존중해주는 것은 좋지만, 정말로 안 되는 일은 끝까지 안 된다고 일관된 자세를 보이는 것이 더 중요하다. 자녀가 상습적으로 거짓말을 하거나, 분수에 맞지 않는 물건을 사달라고 조르거나, 사회 규범을 어겨 남에게 피해를 입힐 때는 부모가 중심을 잡고 자녀가 바로 서도록 엄하게 꾸짖어야 한다.

그러려면 어머니가 농담으로라도 "안 된다."고 선언한 일은 자녀가 떼를 쓰고 밥을 먹지 않아도 '안 되는 것은 안 되는 것이다'는 자세를 끝까지 견지해야 한다. 자녀가 배고플까 봐 걱정돼도 "먹지 않아도 좋다. 하지만 제시간에 밥을 먹지 않으면 다음 식사 시간까지는 절대 주지 않는다."라고 단호하게 말해야 한다.

아이들에게는 생존 본능이 강해 생명에 지장을 받을 정도로 굶지는 않는다. 부모가 따라다니며 밥을 먹여 주지만 않아도 죽을 만큼 고통스러우면 알아서 밥을 챙겨 먹게 되어 있다. 아이들은 어른보다 동물적인 본능이 강해 어머니가 우습게 보이면 그것을 이용해 자기 욕구를 채우려고 하므로 "안 돼, 해줄 수 없어."라고 한 말은 어머니 스스로 어기지 말아야 한다.

자녀는 부모가 요구를 들어줄 수 없는 이유를 정확하게 설명해주면 곧 승복하는 것이 유리하다는 것을 깨닫게 되어 있다.

7단계

'나'를 주어로 말하라

부모 입장이 되면 자기도 모르게 잔소리가 많아진다. 자녀에게 "책을 많이 읽으라."고 해도 아이가 "재미 없어서 싫어."라며 흘려듣거나, "숙제 좀 미리 하라."고 매번 타일러도 잘 시간이 다 되어서야 마지못해 시작하는 모습을 보면 누구라도 "왜 그러느냐?", "그러다가 뭐가 될래?" 등의 잔소리를 늘어놓아 복종시키려고 노력할 것이다. 그래도 말을 안 들으면 "우리 애는 아무리 좋은 점만 보려고 해도 좋은 점을 발견할 수 없다."고 푸념하는 것이 보통이다.

부모는 자녀가 경쟁에서 이기기를 간절히 원하기 때문에 자녀에게서 단점을 발견하면 '이런 면이 아이의 미래를 망치면 어쩌나' 하는 막연한 불안감이 생겨난다. 그 때문에 "너는 왜 그 모양이냐?",

"너 때문에 못살겠다", "지금 공부 안 하고 놀면 나중에 다른 사람에게 무시당하며 살게 될 것이다." 등의 잔소리로 자녀를 괴롭힐 수 있다. 그럴수록 자녀는 부모 말을 우습게 여겨 부모를 더욱 화나게 할 것이다.

그러나 부모가 주어를 '너' 아닌 '나'로 바꾸면 자녀를 비난하지 않고도 부모의 생각을 효과적으로 전할 수 있다. 예를 들어 "너는 왜 그 모양이니?"라고 말하는 대신 "엄마는 네가 그렇게 해서 마음이 아프다." 또는 "엄마는 네가 미리 숙제를 안 해서 불안하다."로 바꾸는 것이다.

사실, 장점과 단점은 칼의 양날처럼 상황이나 보는 관점에 따라 얼마든지 장점이 단점으로, 단점이 장점으로 바뀔 수 있다. 예를 들어, 아이가 공부는 못하지만 붙임성이 좋다면 그것만으로도 큰 장점이 될 수 있다. 사회 생활에서는 인간관계가 중요하기 때문에 학교 성적보다 붙임성이 더 중요한 장점이 되기도 한다.

따라서 부모도 자녀의 단점을 무조건 악조건이라고 보지 말고 그 단점에 대해 '나'를 주어로 충고하면 자녀의 반발심을 크게 줄일 수 있을 것이다.

8단계

자녀에게는 무대 언어를 사용하게 하고 부모는 스태프의 언어를 사용하라

사장은 사원의 마음을 사로잡아야 회사 운영을 잘할 수 있다. 대통령도 국민의 마음을 사로잡아야 국정운영을 잘할 수 있다. 이처럼 지금은 리더들이 자신을 위해 일하는 사람들의 마음을 사로잡아야 성공하는 시대다. 자녀의 성공지수를 높여주려면 자녀의 마음을 사로잡아야 한다.

연극에서 무대 위 배우들은 대체로 지시어를 사용한다. 실제로는 배우들이 스태프staff가 정해놓은 규칙을 따라야 하지만 표면적으로 스태프는 무대에 선 사람을 보좌하는 역할이기 때문에 스태프의 언어는 "어떻게 할까요?", "마음에 드세요?", "이렇게 하는 건 어떨까요?"의 청유문이다. 이것은 무대 주인공의 언어인 "이렇게 해주세요.", "저렇게 하지 말아주세요."와 반대되는 언어이기도 하다.

부모라면 누구나 자기 자식이 성공하기를 바란다. 자식에게 "엄마가 그렇게 하지 말라고 그랬지?", "엄마 말이 우습니?"라고 말하는 것도 자식이 성공하지 못할까 봐 불안해서 하는 말이다. 그러나 이 말은 무대의 언어다. 상대방을 무시하고 지시하는 언어인 것이다. 자녀의 기를 죽여 성공이 아닌 실패의 길로 끌어내릴 수 있는 언어다. 사실, 우리나라의 많은 부모들이 자식의 기를 살린답시고 아이들이 공공 장소에서 타인에게 피해를 줘도 야단치지 않는다. 그러면서도 정작 자기 자신은 거침없이 자식의 기를 꺾고 있다. 자녀가 새로운 일을 시도하려면 소리 높여 "그렇게 하면 안 돼!", "당장 그만두지 못해!"와 같은 무대의 언어를 사용함으로써 자녀의 기를 꺾는 것이다.

부모 입장에서는 부모 말 안 듣고 순종하지 않는 아이를 통제해야 하기 때문에 어쩔 수 없다고 말하겠지만, 부모 자신이 무대의 언어로 자녀를 지배하면 자녀의 표현력과 창의성이 모래 위의 물처럼 사라져버릴 수 있으니 스태프의 언어를 사용할 것을 권한다.

9단계

자녀의 주변에 광케이블을 깔아라

우리나라 학생들의 휴대폰 의존도는 세계적이다. 부모들은 세상이 험악해서 아무리 가정 형편이 어려워도 자녀들에게 휴대폰 사주는 것은 아끼지 않는다. 그런데 부모로서 휴대폰 사주는 것보다 더 중요한 의무는, 자녀 주변의 사람들과 대화 채널을 만들어 자녀의 여러 가지 면을 알아야 하는 것이다.

부모라고 해서 자식의 전체 모습을 파악할 수는 없다. 집에서는 무뚝뚝한 아이가 학교에서는 친구들 배꼽잡게 하는 유머러스한 아이일 수 있고, 집에서는 수다스러운 아이가 학교 가면 과묵한 아이일 수 있다. 또 부모에게 정직한 아이가 친구들을 상습적으로 속일 수 있고, 부모에게 순종적인 아이가 선생님에게 반항적일 수도 있다. 그러므로 부모에게 자녀에 대한 정보가 많아야, 그에 맞는 성공지수를 높여줄 수 있다. 그러려면 자녀의 주변에 광케이블을 깔아두어야 한다.

자식도 부모에게 밝힐 수 없는 고민이 많다. 부모에게 보여주기 싫은 모습도 있다. 따라서 자녀 몰래 은밀히 자녀 주변에 광케이블을 깔아두고 자녀의 숨겨진 모습을 파악해 거기에 걸맞은 성공 모델을 만들어내야 성공확률을 높일 수 있다. 아이의 담임 선생님과 친구들, 친구들의 부모님 등등 광케이블이 되어줄 사람은 많다. 담임 선생님도 사람이기 때문에 어머니가 격의 없이 대하면 얼마든지 어머니가 알고 싶어하는 정보를 제공해줄 것이다. 자녀의 친구들도 가끔 집으로 불러 좋아하는 음식도 해주면서 대화를 나누다 보면 내 아이에 대한 몰랐던 정보를 제공할 것이다.

예전에는 마을 규모가 작아, 자녀의 이상 행동이나 위험 등을 온 동네 사람들이 다 알고 부모들에게 귀띔해주었다. 그러나 지금은 같은 동네 살면서도 그 이웃도 제대로 모르고 살아가기 때문에 그러기가 힘들다. 그래서 부모도 모르는 사이, 자녀들이 부모가 원하는 것과는 정반대의 인생을 살 수도 있다. 그런 불행한 일을 예방하려면 어머니는 반드시 자식 주변에 광케이블을 깔아두고 자녀가 눈치채지 못하게 자식의 여러 모습을 파악해두는 것이 좋다. 그래서 자녀가 받아들일 만한 성공모델을 제시하고 스스로 성공지수를 키워나가도록 도와주어야 한다.

10단계

앞에서 끌지 말고 뒤에서 밀어라

부모와 자녀 간 대화의 가장 큰 장애물은 부모가 일방적으로 자신이 원하는 방향으로 대화를 이끌어가려는 태도다.

불행하게도 모든 동물 중에서 유일하게 인간만이 성인이 될 때까지 부모의 절대적인 보호를 필요로 한다. 그래서 아이 입장에서는 부모가 싫은 방향으로 자신을 이끌어도 저항할 수 없는 처지에 놓인다. 자녀를 절대적으로 보호하는 권리를 가진 부모들은 자식이 끌려오지 않고 저항하면 "당장 집을 나가라.", "밥 먹지 마라."는 등의 가혹한 말로 협박할 수도 있다. 부모의 절대적인 보호가 필요한 자식으로서는 그런 부모의 협박이 두려워 굴복하기 싫어도 부모가 시키는 대로 따라야 한다고 믿는다. 그러나 그것은 마음으로부터 원하는 일이 아니기 때문에 내면에는 분노와 복수심이 쌓인다.

살아 있는 모든 것은 상대가 부모일지라도 자기가 좋아하는 방향을 무시하고 억지로 이끌면 저항한다. 모든 혁명과 폭동은 자신을 무시하고 누군가가 억지로 끌고 가려는 것을 막는 저항의 몸짓인 것이다.

그러나 우리나라의 많은 부모들은 자식에게 완벽한 뒷바라지를 해서 자기보다 나은 삶을 살게 해주려고 오버하는 경우가 많다. 그러나 부모가 생각하는 '좋은 부모' 가 자녀에게는 '나쁜 부모' 가 될 수 있음을 기억해야 한다. 부모가 생각하는 '좋은 부모' 는 대체로 자식의 의견을 무시하고 부모가 원하는 방향으로 억지로 이끌어 성공시키려는 부모로 자식에게는 가장 나쁜 부모이기 때문이다. 자식의 입장에서는 자기가 원치 않는 방향으로 부모에게 이끌려가는 것이 고통스러울 수밖에 없다. 자녀를 성공시키려면 부모가 먼저 '완벽한 부모' 는 '좋은 부모' 라는 생각을 버리고 자식에게 일방적으로 이끌려는 태도를 바꾸어야 한다.

정작 자녀를 성공시키는 부모는 자녀가 원하는 방향을 가로막지 않으려고 자식 앞에 서지 않고 뒤에서 살펴주는 부모다. 자식이 가고자 하는 방향을 스스로 정해서 가게 하고 있을 수 있는 위험을 막아주려고 뒤에서 살피는 부모인 것이다. 그렇게 하면 어떤 사람은 공부가 쉬운 것처럼 아이도 타고난 재능대로 살게 해줄 수 있어 쉽게 성공시킬 수 있다.

11단계

자녀의 용어를 배워라

유명한 외국의 연예인들이 국내 공연을 마치고 서툰 한국어로 인사하면 한국 관객들은 열광한다. 해외 스타의 입에서 우리가 알아들을 수 있는 한국어가 나오는 순간, 자기도 모르게 마음의 문이 열리기 때문이다. 그와 반대로 해외 여행을 떠나 그 곳에서 알아듣지 못할 말로 진행하는 콘서트에 참석해보면 공연이 아무리 훌륭해도 현지인과 같은 감흥이 생기지 않는다. 언어가 통해야 마음과 마음, 마음과 세상이 이어지기 때문이다.

요즘 아이들은 인터넷 용어니 채팅 용어니 해서 부모들이 도무지 알아들을 수 없는 언어를 사용하는 경우가 많다. 말의 속도도 너무 빠르고 지나친 단어 축약이 되어 있으며 외래어와 국어가 마구 뒤섞여 마치 외국어를 듣는 것처럼 낯설기까지 하다. 외국어를 모르면 외국인과의 대화가 두렵듯, 부모가 자녀의 언어를 모르면 자녀와의 대화가 어려워진다. 그리고 대화가 막히면 부모의 뜻이 아무리 훌륭해도 자녀에게 부모의 마음을 전달하기 힘들어 자녀에게 다가갈 수 없다. 자녀를 성공시키려면 자녀의 언어를 배워야 한다.

"요즘 아이들 말은 통 못 알아듣겠어!"라고 불평할 시간에 아이들의 용어를 배우는 것이 낫다. 자녀의 또래 아이들이 잘 가는 인터넷 채팅방 등을 방문해보라. 미국의 경우 변화무쌍한 사회 시스템 때문에 하루에 약 1만 5천 개 가량의 단어가 새로 생기고 그 만큼의 단어가 사라진다고 한다. 새로운 과학기술과 시스템이 생기면 그것을 표현할 새로운 용어가 필요해지기 때문이다.

우리가 1950년대 한글 편지 내용을 이해하기 어렵듯, 우리들이 사용하는 지금의 언어도 몇십 년 후에는 이해가 안 될 수 있다. 그러므로 자녀들의 언어를 무시하지 말고 배워서 대화의 통로를 열어두는 부모가 자녀를 성공시킬 수 있는 것이다.

12단계

해바라기가 되지 말고 장미가 되라

자식 키우는 부모 입장에서 보면 자식은 부모의 보호 없이는 아무것도 못할 것 같아 보인다. 그러나 실제로는 부모의 보호가 지나치지 않으면 더 잘할 수 있는 일들이 많다. 대중 목욕탕 같은 곳에서 눈여겨보면 첫돌을 막 넘긴 어린 아이들도 혼자서 바가지와 비누를 가지고 여러 가지 기발한 놀이 방법을 만들어낸다. 어머니가 "위험해, 이리 와."라고 방해하기 전까지는 말이다.

이처럼 인간은 아무리 어려도 자발적으로 하는 일에는 신바람을 내지만 타의에 의해 하는 일은 좀처럼 흥이 나지 않는다. 그 때문에 부모가 자기 인생을 담보로 자식 주변만 해바라기하며 뒷바라지하는 것은 뜻밖에 자녀를 괴롭히는 일이 될 수 있다.

해바라기는 해에게 종속된 삶을 살아야 하기 때문에 자식을 해바라기 하면 어머니 자신의 인생도 고통스러울 뿐이다. 자식을 해바라기하며 사는 어머니들 대부분은 자식이 그것을 몹시 부담스러워한다는 것을 잘 모른다. 하지만 자녀들은 부모에 대한 불만을 그때그때 터뜨리지 못하고 다 자란 다음 한꺼번에 터뜨리기 때문에 나중에 배신감에 눈물을 흘리게 된다.

생명을 유지하는 데 없어서는 안 될, 물이나 공기 같은 것들도 너무 흔하면 귀한 줄 모르듯 어머니의 사랑도 너무 흔하고 넘치면 귀한 줄 모르게 된다. 따라서 자식에게 대접받는 어머니가 되려면 해바라기가 되지 말고 자식과 약간의 간격을 유지하면서도 잘 보살필 수 있는 장미가 되어야 한다.

장미는 다른 것들과 간격을 두고도 향기를 보내 자신의 존재를 알리는 꽃이다. 누군가가 너무 많은 사랑을 구하면 가시를 세워 적당한 간격 밖으로 밀어내 자립심을 길러주기도 한다. 장미야말로 절제와 향기로 자식과 적절한 간격을 두고 잘 돌봄으로써 자녀의 마음이 열리게 하는 성공의 열쇠를 쥔 부모의 모습을 상징하는 꽃이다.

장미는 다른 것들과 간격을 두고도 향기를 보내 자신의 존재를 알리는 꽃이다. 누군가가 너무 많은 사랑을 구하면 가시를 세워 적당한 간격 밖으로 밀어내 자립심을 길러주기도 한다. 장미야말로 절제와 향기로 자식과 적절한 간격을 두고 잘 돌봄으로써 자녀의 마음이 열리게 하는 성공의 열쇠를 쥔 부모의 모습을 상징하는 꽃이다.

체크리스트

나는 내 아이의 **성공지수**를
높이는 부모일까?
낮추는 부모일까?

한 사람의 성공과 행복은 학교 성적이나 재산 정도가 아니라, 성공하려는 열망, 습관, 사고방식이 좌우한다. 이것을 성공지수라고 한다. 자녀를 성공시키려면 자녀의 학과 공부보다 성공지수를 높이는 데 더 신경을 써야 한다. 이 부분을 간과하면 자녀교육에 온 힘을 쏟고도 자녀를 성공시키지 못할 수 있다. 그러나 일상생활 속에서 자녀의 성공습관을 기르는 방법을 모색하면 자녀의 학과 성적이 그리 높지 않고 태도가 모범적이지 않아도 자녀를 성공시킬 수 있다. 지금부터 현재, 당신이 자녀의 성공에 미치는 성공지수를 체크하고 성공지수를 높여주는 방법을 모색해보자.

성공지수 1

성공습관 지수 체크

성공지수의 주요 요인은 성공습관입니다. 성공습관은 남다른 학력, 외모, 가정 배경 없이도 성공을 이룰 수 있게 해주는 놀라운 힘을 가지고 있습니다. 당신의 자녀가 어느 정도의 성공습관을 가지고 있는지 정확히 알면, 좋은 성공습관을 만들어줄 수 있습니다. 지금부터 당신이 자녀에게 얼마 만큼의 성공습관을 길러주었는지 체크해 봅시다.

당신 자녀에 관한 다음 질문에 ①항상 그렇다 ②그런 편이다 ③가끔 그렇다 ④그런 적이 별로 없다 ⑤전혀 그렇지 않다에 답해주시기 바랍니다.

1. 고집이 세서 웬만해서는 내 힘으로는 이길 수 없다.

① 항상 그렇다 ② 그런 편이다 ③ 가끔 그렇다
④ 그런 적이 별로 없다 ⑤ 전혀 그렇지 않다

2. 물건을 정리할 줄 몰라 따라다니며 치워주어야 한다.

① 항상 그렇다 ② 그런 편이다 ③ 가끔 그렇다
④ 그런 적이 별로 없다 ⑤ 전혀 그렇지 않다

3. 화장실에 들어가거나 무엇을 할 때 시간이 너무 오래 걸려 독촉할 때가 많다.

① 항상 그렇다　② 그런 편이다　③ 가끔 그렇다
④ 그런 적이 별로 없다　⑤ 전혀 그렇지 않다

4. 싸움이 잦고 화도 자주 낸다.

① 항상 그렇다　② 그런 편이다　③ 가끔 그렇다
④ 그런 적이 별로 없다　⑤ 전혀 그렇지 않다

5. 자존심이 강해서 싸우고 나면 자기가 먼저 화해하지 않는다.

① 항상 그렇다　② 그런 편이다　③ 가끔 그렇다
④ 그런 적이 별로 없다　⑤ 전혀 그렇지 않다

6. 항상 아이들 뒷전에서 맴돌 뿐, 앞장서는 것을 싫어한다.

① 항상 그렇다　② 그런 편이다　③ 가끔 그렇다
④ 그런 적이 별로 없다　⑤ 전혀 그렇지 않다

7. 예민해서 감정 기복이 심하다.

① 항상 그렇다　② 그런 편이다　③ 가끔 그렇다
④ 그런 적이 별로 없다　⑤ 전혀 그렇지 않다

8. 사고 싶은 건 어떻게든 사야 직성이 풀린다.

① 항상 그렇다　② 그런 편이다　③ 가끔 그렇다
④ 그런 적이 별로 없다　⑤ 전혀 그렇지 않다

9. 귀찮은 일은 절대 안 하려고 한다.

① 항상 그렇다　② 그런 편이다　③ 가끔 그렇다
④ 그런 적이 별로 없다　⑤ 전혀 그렇지 않다

10. "할 수 없다.", "그런 건 모른다."는 말을 자주 한다.

① 항상 그렇다　② 그런 편이다　③ 가끔 그렇다
④ 그런 적이 별로 없다　⑤ 전혀 그렇지 않다

SOLUTION

각 항목의 ①**번**에는 **2점** ②**번**에는 **4점** ③**번**에는 **6점** ④**번**에는 **8점** ⑤**번**에는 **10점**을 주어 채점하시기 바랍니다.

80점 이상

당신은 자녀의 성공습관을 비교적 잘 길러주는 부모입니다. 그러나 자녀의 의견이 아닌, 부모님의 독단적인 생각으로 그런 습관을 길러주었을 가능성이 높습니다. 자녀의 의견을 존중하여 길러진 성공습관이 더욱 효과적임을 되새겨 볼 필요가 있습니다. 만약 당신이 자녀와의 협의 하에 자녀의 성공습관을 잘 길러주었다면 지금처럼 계속 밀고 나가세요. 그러나 부모 견해를 앞세워 독단적으로 만들어진 성공습관이라면 이 책의 1부 1장 〈자녀의 성공습관을 길러주는 대화법〉 편을 다시 꼼꼼하게 읽어보시기 바랍니다.

60점 ~ 80점

당신은 비교적 성공습관의 중요성을 알고 자녀에게 성공습관을 길러주기 위해 노력하는 분입니다. 그러나 좀 더 확고하게 성공습관을 길러주려면 이 책을 전체적으로 꼼꼼하게 읽은 후, 1부 1장을 두 번 정도 더 읽어보시기 바랍니다.

40점 ~ 60점

당신은 자녀의 성공습관보다 학과 공부에 더 많은 신경을 쓰거나 자녀가 어떤 습관을 갖건 방임하는 부모일 가능성이 높습니다. 이 책을 두 번 정도 꼼꼼하게 읽어보시고 1부 1장을 세 번 이상 읽으세요. 어떤 상황에서도 이 책의 내용을 염두에 두고 응용하면서 자녀의 성공습관을 의도적으로 길러주어야만 자녀를 성공시킬 수 있을 것입니다.

40점 이하

당신은 자녀의 성공습관에 전혀 신경 쓰지 않고 오로지 공부만 열심히 하면 성공할 수 있다고 생각하거나 아예 모든 것을 자녀에게 맡기는 방임형 부모일 가능성이 큽니다. 이 경우, 자녀 교육에 아무리 헌신해도 자녀를 성공시키기 어렵습니다. 이 책을 반복적으로 다섯 번 이상 반복해서 읽고 특히 1부 1장의 내용을 모두 외울 정도까지 읽은 후, 실생활에서 응용해야만 자녀를 성공시킬 수 있습니다.

성공지수 2

성공 자의식 지수 체크

성공 자의식은 성공하겠다는 의지와 두려움을 이겨내는 용기, 자기가 하는 일을 가치 있게 받아들이는 사고방식 등으로 이루어져 있습니다. 이것은 타고나는 것이 아니라 자라면서 생각하고, 행동하고, 경험하고, 배우면서 길러지는 것입니다. 따라서 자녀를 성공시키려면 성공습관을 길러주면서 성공 자의식도 길러주어야 합니다. 지금부터 자녀의 현재 성공 자의식 지수를 체크해보고 앞으로 자녀에게 성공 자의식을 심어주는 방법을 제시하겠습니다.

자녀에 관한 다음 질문에 ①항상 그렇다 ②그런 편이다 ③가끔 그렇다 ④그런 적이 별로 없다 ⑤전혀 그렇지 않다에 답해주시기 바랍니다.

1. 우리 애는 항상 많은 계획을 세우는 것 같은데 끝까지 실천하는 경우가 드물다.

① 항상 그렇다 ② 그런 편이다 ③ 가끔 그렇다
④ 그런 적이 별로 없다 ⑤ 전혀 그렇지 않다

2. 우리 애는 겁이 많아 새로운 일을 시도하지 못하고 익숙한 방법만 택한다.

① 항상 그렇다 ② 그런 편이다 ③ 가끔 그렇다
④ 그런 적이 별로 없다 ⑤ 전혀 그렇지 않다

3. 우리 애는 남 앞에 나서기를 싫어한다.

① 항상 그렇다 ② 그런 편이다 ③ 가끔 그렇다
④ 그런 적이 별로 없다 ⑤ 전혀 그렇지 않다

4. 우리 애는 다른 사람이 귀찮아할까 봐, 모르는 것도 잘 묻지 않는다.

① 항상 그렇다 ② 그런 편이다 ③ 가끔 그렇다
④ 그런 적이 별로 없다 ⑤ 전혀 그렇지 않다

5. 우리 애는 "못 해.", "안 해.", "내가 어떻게?" 등과 같은 거부의 언어를 많이 사용한다.

① 항상 그렇다 ② 그런 편이다 ③ 가끔 그렇다
④ 그런 적이 별로 없다 ⑤ 전혀 그렇지 않다

6. 나는 우리 애가 먹고 자는 것조차 잊고 무엇인가에 몰두하면 공부와 건강에 방해될까 봐 말린다.

① 항상 그렇다 ② 그런 편이다 ③ 가끔 그렇다
④ 그런 적이 별로 없다 ⑤ 전혀 그렇지 않다

7. 나는 우리 애 학원 등록을 직접 해줘야 직성이 풀린다.

① 항상 그렇다 ② 그런 편이다 ③ 가끔 그렇다
④ 그런 적이 별로 없다 ⑤ 전혀 그렇지 않다

8. 나는 우리 애가 시간을 아껴 쓰거나, 해야 할 일을 제때 하지 않아 화가 날 때가 많다.

① 항상 그렇다 ② 그런 편이다 ③ 가끔 그렇다
④ 그런 적이 별로 없다 ⑤ 전혀 그렇지 않다

9. 나는 우리 애가 하찮은 일에 몰두하면 화가 나서 그 일을 말린다.

① 항상 그렇다 ② 그런 편이다 ③ 가끔 그렇다

④ 그런 적이 별로 없다 ⑤ 전혀 그렇지 않다

10. 나는 우리 애가 공부하지 않고 한눈을 팔면 어떻게든 아이가 공부하도록 유도한다.

① 항상 그렇다 ② 그런 편이다 ③ 가끔 그렇다
④ 그런 적이 별로 없다 ⑤ 전혀 그렇지 않다

SOLUTION

각 항목의 ①**번**에는 **2점** ②**번**에는 **4점** ③**번**에는 **6점** ④**번**에는 **8점** ⑤**번**에는 **10점**을 주어 채점하시기 바랍니다.

80점 이상

당신은 자녀의 성공 자의식을 심으려고 열심히 노력하는 부모거나 지나치게 자녀에게 자율권을 주어 성공 자의식이 아니라 자만심을 길러주는 부모일 수 있습니다. 그러나 이 책을 처음부터 끝까지 꼼꼼하게 읽어보면 자녀에게 올바른 성공 자의식을 심는 방법을 쉽게 터득할 수 있을 것입니다. 특히, 이 책의 1부 2장 〈자녀의 성공 자의식을 일깨우는 대화법〉 편을 두 번 정도 읽고 실생활에서 활용하면 자녀의 성공 자의식을 어렵지 않게 길러줄 수 있을 것입니다.

60점 ~ 80점

당신은 비교적 자녀의 성공 자의식을 심어주려고 노력하는 부모이거나 자녀에게 자율권은 주되 약간은 통제하는 이상적인 부모일 수 있습니다. 그러나 매사가 주먹구구식인 면이 있습니다. 따라서 이 책을 전체적으로 꼼꼼하게 읽고 1부 2장을 두 번 정도 더 읽어보시기 바랍니다.

40점 ~ 60점

당신은 자녀를 성공시키려는 의욕은 높지만 그 방법은 잘 모르는 부모일 수 있습니다. 그러나 이 책을 전체적으로 두 번 이상 꼼꼼하게 읽으면 어렵지 않게 자녀에게 성공 자의식을 심으실 수 있을 것입니다. 1부 2장을 서너 번 더 읽고 생활 속에서 실천하시기를 권합니다.

40점 이하

당신은 자녀의 성공 자의식보다 학교 성적 올리는 데 더 열중하는 부모일 수 있습니다. 그렇지 않으면, 아예 자녀를 성공시키는 방법을 모르는 채 자녀와 갈등을 많이 일으키는 부모일 수 있습니다. 그러나 이 책을 전체적으로 서너 번 꼼꼼하게 읽고 1부 2장의 내용을 거의 외울 정도로 여러 번 읽은 다음, 실생활에서 상황에 맞게 응용하면 당신도 자녀를 성공시킬 수 있습니다.

성공지수 3

성공표현력 지수 체크

표현력이 성공을 좌우하는 시대입니다. 이번에는 자녀의 성공표현력 지수를 체크해보고 성공지수를 향상시키는 방법을 제시하겠습니다.

자녀에 관한 다음 질문에 ①항상 그렇다 ②그런 편이다 ③가끔 그렇다 ④그런 적이 별로 없다 ⑤전혀 그렇지 않다에 답해주시기 바랍니다.

1. 자기 생각을 정리해서 말하지 못하고 횡설수설해 여러 번 되물어야 한다.

① 항상 그렇다 ② 그런 편이다 ③ 가끔 그렇다
④ 그런 적이 별로 없다 ⑤ 전혀 그렇지 않다

2. 생각나는 대로 불쑥 말해 말실수가 잦은 편이다.

① 항상 그렇다 ② 그런 편이다 ③ 가끔 그렇다
④ 그런 적이 별로 없다 ⑤ 전혀 그렇지 않다

3. 말을 너무 길게 하거나 너무 짧게 해서 속상할 때가 많다.

① 항상 그렇다　② 그런 편이다　③ 가끔 그렇다
④ 그런 적이 별로 없다　⑤ 전혀 그렇지 않다

4. 말이 너무 빠르고 발음이 불분명해 어떤 때는 알아듣기 힘들다.

① 항상 그렇다　② 그런 편이다　③ 가끔 그렇다
④ 그런 적이 별로 없다　⑤ 전혀 그렇지 않다

5. 말수가 너무 없거나 너무 많아 걱정이다.

① 항상 그렇다　② 그런 편이다　③ 가끔 그렇다
④ 그런 적이 별로 없다　⑤ 전혀 그렇지 않다

6. 평상시에는 말을 잘하는데 발표는 싫어한다.

① 항상 그렇다　② 그런 편이다　③ 가끔 그렇다
④ 그런 적이 별로 없다　⑤ 전혀 그렇지 않다

7. 말할 때 손장난이나 발장난이 심해 산만해 보인다.

① 항상 그렇다　② 그런 편이다　③ 가끔 그렇다
④ 그런 적이 별로 없다　⑤ 전혀 그렇지 않다

8. 남의 말을 열심히 안 듣고 엉뚱한 대답을 하곤 한다.

① 항상 그렇다　② 그런 편이다　③ 가끔 그렇다
④ 그런 적이 별로 없다　⑤ 전혀 그렇지 않다

9. 말하기 힘든 말을 하려면 울거나 소리를 높이거나 화를 내며 한다.

① 항상 그렇다　② 그런 편이다　③ 가끔 그렇다
④ 그런 적이 별로 없다　⑤ 전혀 그렇지 않다

10. 은어나 속어를 아무 데서나 사용해 민망할 때가 많다.

① 항상 그렇다 ② 그런 편이다 ③ 가끔 그렇다
④ 그런 적이 별로 없다 ⑤ 전혀 그렇지 않다

SOLUTION

각 항목의 ①**번**에는 **2점** ②**번**에는 **4점** ③**번**에는 **6점** ④**번**에는 **8점** ⑤**번**에는 **10점**을 주어 채점하시기 바랍니다.

80점 이상

당신의 자녀는 표현력이 좋아 공부를 못해도 공부 잘하는 아이들보다 성공확률이 높습니다. 표현력을 조금만 더 향상시키면 학교 성적도 더 높아질 수 있습니다. 이 책을 전체적으로 꼼꼼하게 읽은 후 1부 3장 〈자녀의 성공표현력을 길러주는 대화법〉 편을 한 번 더 읽어보시면 좋습니다.

60점 ~ 80점

당신은 자녀의 표현력에 비교적 관심은 많지만 구체적으로 고쳐주는 방법은 잘 모르는 편입니다. 그러나 이 책을 처음부터 끝까지 꼼꼼하게 읽고 1부 3장을 두 번 이상 읽으며, 일상생활에서 활용하면 자녀의 성공표현력을 크게 향상시킬 수 있을 것입니다.

40점 ~ 60점

당신은 자녀의 표현력 부족을 걱정하지만, '고쳐줘야 한다'는 생각까지는 하지 못할 가능성이 높습니다. 이 책을 두 번 이상 꼼꼼하게 읽은 후 1부 3장의 내용을 세 번 이상 다시 읽고 실생활에서 그때그때 상황에 맞게 실행하면 그 방법을 알 수 있을 것입니다.

40점 이하

당신은 자녀의 학교 성적이나 특기 교육에 쫓겨 자녀의 성공표현력은 미처 신경 쓰지 못하고 있는 듯합니다. 만약 그렇다면 자녀를 좋은 학교에 보내고 아이가 학교 성적이 높아도 능력만큼 성공하지 못할 가능성이 높습니다. 이 책을 전체적으로 세 번 이상 꼼꼼히 읽고 1부 3장을 반복해 외울 정도까지 읽으세요. 자녀의 성공표현력을 기르는 요령을 터득하실 수 있을 것입니다.

성공지수 4

소극적이고 내성적인 자녀의 성공방해 지수 체크

자녀를 성공시키려면 성격적으로 성공을 가로막는 요인을 세밀히 살펴 제거해 주어야 합니다. 이 항목은 성격이 내성적이고 소극적인 자녀를 둔 부모만을 위한 체크리스트입니다. 소극적이고 내성적인 성격의 자녀가 가진 성공방해 지수를 체크해 보겠습니다. 자녀의 성격이 활발하고 외향적이라면 이 항목은 무시하셔도 됩니다.

자녀에 관한 다음 질문에 ①항상 그렇다 ②그런 편이다 ③가끔 그렇다 ④그런 적이 별로 없다 ⑤전혀 그렇지 않다에 답해주시기 바랍니다.

1. 말이 없고 온순해서 자기도 모르게 형제에게 양보할 때가 많다.

① 항상 그렇다 ② 그런 편이다 ③ 가끔 그렇다
④ 그런 적이 별로 없다 ⑤ 전혀 그렇지 않다

2. 집에서는 활발한데 집밖에 나가면 위축되어 말수가 줄어든다.

① 항상 그렇다 ② 그런 편이다 ③ 가끔 그렇다
④ 그런 적이 별로 없다 ⑤ 전혀 그렇지 않다

3. 무슨 일에나 핑계부터 대고 귀찮은 일은 하지 않으려고 한다.

① 항상 그렇다 ② 그런 편이다 ③ 가끔 그렇다

④ 그런 적이 별로 없다 ⑤ 전혀 그렇지 않다

4. 너무 잘 토라져서 답답할 때가 많다.

① 항상 그렇다 ② 그런 편이다 ③ 가끔 그렇다
④ 그런 적이 별로 없다 ⑤ 전혀 그렇지 않다

5. 불평불만이 많은 편이다. 그러나 그 불만에 대해 자세히 설명하지 않아 정확하게 무엇이 불만인지 알 수 없다.

① 항상 그렇다 ② 그런 편이다 ③ 가끔 그렇다
④ 그런 적이 별로 없다 ⑤ 전혀 그렇지 않다

6. 사소한 거짓말로 위기를 모면하려고 한다.

① 항상 그렇다 ② 그런 편이다 ③ 가끔 그렇다
④ 그런 적이 별로 없다 ⑤ 전혀 그렇지 않다

7. 공부는 열심히 하는데 성적이 별로 좋지 않다.

① 항상 그렇다 ② 그런 편이다 ③ 가끔 그렇다
④ 그런 적이 별로 없다 ⑤ 전혀 그렇지 않다

8. 같은 실수를 되풀이하거나 시험에서도 어려운 문제보다 쉬운 문제를 잘 틀려 속상할 때가 많다.

① 항상 그렇다 ② 그런 편이다 ③ 가끔 그렇다
④ 그런 적이 별로 없다 ⑤ 전혀 그렇지 않다

9. 이유 없이 화를 내 주위를 당황하게 할 때가 있다.

① 항상 그렇다 ② 그런 편이다 ③ 가끔 그렇다
④ 그런 적이 별로 없다 ⑤ 전혀 그렇지 않다

10. 너무 침착하고 조심성이 많아 늘 풀이 죽어 있는 것 같다.

① 항상 그렇다 ② 그런 편이다 ③ 가끔 그렇다
④ 그런 적이 별로 없다 ⑤ 전혀 그렇지 않다

SOLUTION

각 항목의 ①**번**에는 **10점** ②**번**에는 **8점** ③**번**에는 **6점** ④**번**에는 **4점** ⑤**번**에는 **2점**을 주어 채점하시기 바랍니다. 방해지수가 높을수록 당신이 노력해야 할 일이 많아집니다. 점수별 결과를 살펴 보겠습니다.

80점 이상

당신은 자녀의 소극적인 성격을 고쳐주려고 노력하기보다 자녀의 성격에 화가 나 자녀를 위축시키고 있는지도 모릅니다. 그렇다면 부모가 아이의 문제를 더 악화시킬 수 있습니다. 따라서 이 책을 처음부터 끝까지 꼼꼼하게 세 번 이상 읽고 2부 1장 〈온순하고 내성적인 아이〉의 내용을 외울 정도로 여러 번 읽고 실생활에 적용해서 몸에 밸 때까지 생활화해야 할 것입니다.

60점 ~ 80점

당신은 자녀의 내성적이고 소극적인 성격에 몹시 신경이 쓰이기는 하지만 공부가 우선이라고 생각하고 있을 가능성이 높습니다. 이 책을 적어도 세 번 정도 정독하고 2부 1장의 내용을 외울 정도로 읽고 실생활에서 응용해야 자녀를 성공시킬 수 있을 것입니다. 그렇지 않으면 자녀의 공부에 심혈을 기울여도 자녀가 공부한 만큼 성공시키기는 힘듭니다.

40점 ~ 60점

당신은 비교적 자녀의 소극적이고 내성적인 성격을 고쳐주려고 노력하는 부모입니다. 그러나 한편으로는 '타고난 성격은 어쩔 수 없다'고 체념하는 부분도 있을 것입니다. 이 책을 두 번 정도 꼼꼼하게 읽고 2부 1장을 두 번 정도 더 읽은 후 참고하면 자녀의 내성적이고 소극적인 성격 중, 성공을 가로막는 부분을 바로잡을 수 있을 것입니다.

40점 이하

당신의 자녀는 온순하지만 비교적 활발하고 자기 의견도 표현할 줄 압니다. 그러나 당신이 자녀가 적극적인 태도를 유지할 수 없도록 억압했을 가능성이 큽니다. 이 경우, 이 책을 처음부터 끝까지 꼼꼼하게 읽고 자녀가 부담을 느끼지 않는 범위 안에서 조금씩 성격을 가다듬어 주어야 자녀의 성공지수를 높일 수 있습니다. 자녀의 기를 살려주고 자기 생각을 올바로 표현하게 해주면 어렵지 않게 성공지수를 높여줄 수 있을 것입니다.

성공지수 5

공격적이고 자기주장이 강한 자녀의
성공방해 지수 체크

이번에는 성격이 급하고 자기주장이 강한 자녀의 성공방해 지수를 체크해 보는 항목입니다. 자녀의 성격이 그렇지 않다면 무시하고 넘어가십시오.

자녀에 관한 다음 질문에 ①항상 그렇다 ②그런 편이다 ③가끔 그렇다 ④그런 적이 별로 없다 ⑤전혀 그렇지 않다에 답해주시기 바랍니다.

1. 자기주장이 너무 강해 번번이 부모인 내가 진다.

① 항상 그렇다 ② 그런 편이다 ③ 가끔 그렇다
④ 그런 적이 별로 없다 ⑤ 전혀 그렇지 않다

2. 우리 아이는 한 번 고집을 부리면 아무도 못 말린다.

① 항상 그렇다 ② 그런 편이다 ③ 가끔 그렇다
④ 그런 적이 별로 없다 ⑤ 전혀 그렇지 않다

3. 남에게 상처주는 말을 서슴지 않는다.

① 항상 그렇다　② 그런 편이다　③ 가끔 그렇다
④ 그런 적이 별로 없다　⑤ 전혀 그렇지 않다

4. 우리 아이는 타인에게 너무 무례해서 민망할 때가 많다.

① 항상 그렇다　② 그런 편이다　③ 가끔 그렇다
④ 그런 적이 별로 없다　⑤ 전혀 그렇지 않다

5. 형제나 친구와 자주 싸우고 툭하면 싸우려고 해서 화가 난다.

① 항상 그렇다　② 그런 편이다　③ 가끔 그렇다
④ 그런 적이 별로 없다　⑤ 전혀 그렇지 않다

6. 물건을 던지거나 밀치는 등, 한 번 화가 나면 난폭해진다.

① 항상 그렇다　② 그런 편이다　③ 가끔 그렇다
④ 그런 적이 별로 없다　⑤ 전혀 그렇지 않다

7. 부모 말을 잘 듣지 않고 자기 마음대로 행동할 때가 많다.

① 항상 그렇다　② 그런 편이다　③ 가끔 그렇다
④ 그런 적이 별로 없다　⑤ 전혀 그렇지 않다

8. 부모에게도 대든다.

① 항상 그렇다　② 그런 편이다　③ 가끔 그렇다
④ 그런 적이 별로 없다　⑤ 전혀 그렇지 않다

9. 성격이 급하고 덜렁대다가 물건을 깨뜨리는 등의 문제를 일으키기도 한다.

① 항상 그렇다　② 그런 편이다　③ 가끔 그렇다
④ 그런 적이 별로 없다　⑤ 전혀 그렇지 않다

10. 이유 없이 화를 내거나 대답을 하지 않아 속상할 때가 많다.

① 항상 그렇다　② 그런 편이다　③ 가끔 그렇다
④ 그런 적이 별로 없다　⑤ 전혀 그렇지 않다

SOLUTION

각 항목의 ①번에는 **10점** ②번에는 **8점** ③번에는 **6점** ④번에는 **4점** ⑤번에는 **2점**을 주어 채점하시기 바랍니다.

80점 이상

당신은 자녀의 공격적이고 급한 성격을 온순하고 순종적인 성격으로 바꾸려고 자녀와 많은 갈등을 빚는 부모일 가능성이 높습니다. 그러나 자녀의 타고난 성격은 고칠 수 없습니다. 오히려 자녀의 반발을 불러일으켜 자녀와의 사이가 나빠져 당신이 조절할 수 없는 상황까지 몰려 있을 수도 있습니다. 이 책을 처음부터 끝까지 꼼꼼하게 세 번 이상 읽고 2부의 2, 3, 4장을 외울 때까지 읽으며 실생활에 적용해서 몸에 밸 때까지 생활화해야 자녀를 성공시킬 수 있을 것입니다.

60점 ~ 80점

당신은 자녀의 공격적이고 급한 성격을 고치려고 자녀와 갈등을 만들고 고생하는 부모일 가능성이 높습니다. 따라서 이 점수대의 부모는 이 책을 적어도 세 번 정도는 정독을 하고 2부의 2, 3, 4장을 외울 정도로 거듭 읽고, 실생활에서 활용하셔야 자녀를 성공시킬 수 있습니다. 그렇지 않으면 당신은 자녀에게 숨이 있는 성공잠재력마저 망가뜨릴 수 있을 것입니다.

40점 ~ 60점

당신은 자녀의 공격적이고 급한 성격을 억압하려고 노력하지만, 뜻대로 안 돼 화가 날 때가 종종 있을 것입니다. 그러나 자녀의 공격적이고 급한 성격은 성공에 매우 긍정적인 영향을 주는 요소입니다. 따라서 자녀를 성공시키려면 이 책을 처음부터 끝까지 꼼꼼하게 두 번 이상 읽고 자녀의 특성을 살리면서 타인에게 피해를 주지 않는 방법을 찾아내야 합니다. 특히 이 책의 2부 2, 3, 4장을 읽고, 자녀의 성격과 부합되는 내용을 적용시켜 보면 자녀의 성공지수 높이기가 한결 쉬울 것입니다.

40점 이하

당신의 자녀는 공격적이고 성격이 급하지만 의욕과 자신감이 넘쳐 성공지수가 높은 편입니다. 그러나 당신이 억지로 자녀의 적극적인 태도를 고치려고 해서 자녀의 내면에 많은 불만이 쌓여 있을 수도 있습니다. 이 경우, 이 책을 처음부터 끝까지 꼼꼼히 읽어 자녀의 공격적인 성격의 장점은 살리면서 무례하지 않은 태도를 유지시켜야 성공지수를 높일 수 있을 것입니다. 자녀의 공격적이고 급한 성격을 자신감으로 승화시키려면 이 책을 처음부터 끝까지 꼼꼼하게 읽고 생활 속에서 실천하셔야 합니다.

자녀의 성공지수를 높여주는

부모의 대화법

초판 1쇄 발행 2006년 11월 6일
초판 6쇄 발행 2013년 4월 30일

지은이 | 이정숙
펴낸이 | 한 순 이희섭
펴낸곳 | 나무생각
편집 | 한해숙 김소라
디자인 | 이은아
마케팅 | 이재석
출판등록 | 1998년 4월 14일 제13-529호

주소 | 서울특별시 마포구 서교동 475-39 1F
전화 | 02)334-3339, 3308, 3361
팩스 | 02)334-3318
이메일 | tree3339@hanmail.net
홈페이지 | www.namubook.co.kr

ISBN 89-5937-121-1 23590